BestMasters

Mit „BestMasters“ zeichnet Springer die besten Masterarbeiten aus, die an renommierten Hochschulen in Deutschland, Österreich und der Schweiz entstanden sind. Die mit Höchstnote ausgezeichneten Arbeiten wurden durch Gutachter zur Veröffentlichung empfohlen und behandeln aktuelle Themen aus unterschiedlichen Fachgebieten der Naturwissenschaften, Psychologie, Technik und Wirtschaftswissenschaften. Die Reihe wendet sich an Praktiker und Wissenschaftler gleichermaßen und soll insbesondere auch Nachwuchswissenschaftlern Orientierung geben.

Jan Hormann

Cyclen-basierte Metallonucleasen

Synthese und biochemische Evaluation

Jan Hormann
Berlin, Deutschland

BestMasters
ISBN 978-3-658-09268-9 ISBN 978-3-658-09269-6 (eBook)
DOI 10.1007/978-3-658-09269-6

Die Deutsche Nationalbibliothek verzeichnet diese Publikation in der Deutschen Nationalbibliografie; detaillierte bibliografische Daten sind im Internet über http://dnb.d-nb.de abrufbar.

Springer Spektrum

Gedruckt auf säurefreiem und chlorfrei gebleichtem Papier

Springer Fachmedien Wiesbaden ist Teil der Fachverlagsgruppe Springer Science+Business Media
(www.springer.com)

Geleitwort

Die Bekämpfung von Krebs stellt eine der aktuellen Herausforderungen unserer Gesellschaft dar, insbesondere für ihre Wissenschaftler. Neben den herkömmlichen organischen Molekülen, die als Antikrebstherapeutika genutzt werden, steckt viel Potential in metallhaltigen Molekülen – ausgeschöpft wurde dieses bisher lediglich für das Element Platin, dessen Derivate auch klinisch eingesetzt werden. Übergangsmetallionen haben aufgrund ihrer besonderen Eigenschaften (Lewis-Acidität und Redoxaktivität) jedoch zahlreiche Möglichkeiten der Interaktion mit Biomolekülen und erlauben damit therapeutische und diagnostische Ansätze. DNA als Speicher der Erbinformation und als Code für diverse Krankheiten wie Krebs ist dafür Angriffs- und Auslesepunkt.

So sind redoxinaktive Metallionen als DNA-Spalter für diagnostische Zwecke im Einsatz, während eine oxidative DNA-Spaltung durch redoxaktive Metallionen, also die Zerstörung von DNA und damit von ganzen Zellen, für eine therapeutische Wirkung von Interesse sein könnte.

Herr Hormann hat es sich im Rahmen seiner Masterarbeit zur Aufgabe gemacht, Metallkomplexe von Derivaten des Cyclenliganden zu synthetisieren, die in der Lage sind, DNA oxidativ zu spalten. Der Stickstoffmacrocyclus Cyclen (1,4,7,10-Tetraazacyclododecan) ist aufgrund seiner hervorragenden Koordinationseigenschaften ein beliebter Ligand in der Komplexchemie und wird bei Anwendungen in Therapie und Diagnostik, so z.B. der Gadoliniumkomplex eines Cyclen-Derivats in der MRI-Diagnostik, eingesetzt. Für die oxidative DNA-Spaltung mit dem o.g. Ziel ist Cyclen jedoch eher mäßig erfolgreich gewesen, sodass Modifikationen des Systems für eine Optimierung nötig waren.

Vor diesem Hintergrund beschreibt Herr Hormann zunächst die Synthese von Heteroatom- (mit O oder S anstelle von N sowie O und S anstelle von zwei N) und Interkalator-substituierten Derivaten (Naphthalin, Anthracen und Anthrachinon an einem N) und deren Cu- und Zn-Komplexen. Im Falle des Anthracens gelang auch eine in der Literatur bisher kaum beschriebene Substitution mit drei Interkalator-Molekülen, Die Komplexe waren teilweise unbekannt und von zwei dieser Komplexe konnten Kristallstrukturen erhalten werden.

Im Anschluss beschreibt Herr Hormann die Anwendung der Komplexe in der DNA-Spaltung. Während die Heteroatomsubstitution Einfluss auf die Redoxeigenschaften der resultierenden Komplexe hat, können Interkalatoren die Wechselwirkung mit DNA unterstützen. In vergleichenden Experimenten wurden deshalb die erhaltenen Cu- und Zn-Komplexe auf ihre Aktivität bezüglich der Spaltung von Plasmid-DNA untersucht. Während alle Zn-Komplexe unter den gewählten Reaktionsbedingungen inaktiv waren, zeigte sich bei den Cu-Komplexen, dass sich der Heteroatom-Austausch positiv auf die Spalteffizienz auswirkt (O > S > N). Ebenso konnte Herr Hormann bei einer Mehrfachsubstitution mit Interkalatormolekülen wie Anthracen eine Effizienzsteigerung beobachten. Ein Anthrachinon-substituierter Komplex wies schließlich unter Bestrahlung eine ungewöhnlich hohe DNA-Spaltaktivität auf. Zum besseren mechanistischen Verständnis der DNA-Spaltung wurden die Experimente auch in Anwesenheit von Quenchern für reaktive Sauerstoffspezies (ROS) durchgeführt.

Durch systematische Variation des Ligandengrundgerüsts ist es Herrn Hormann gelungen, effektive Cyclen-Derivate für die oxidative DNA-Spaltung zu erzeugen. Seinen Weg dorthin beschreibt Herr Hormann klar und graphisch sehr ansprechend. Ich wünsche dieser Arbeit eine breite Leserschaft, die nicht nur aus Bioanorganikern besteht, sondern auch interessierte Leser aus angrenzenden Bereichen umfassen soll – die Arbeit bietet inhaltlich und stilistisch beste Voraussetzungen dafür.

Prof. Dr. Nora Kulak

Vorwort

Ich hatte niemals vor, Chemie zu studieren. Mein Weg zu dieser Abschlussarbeit war alles, aber nicht geradlinig. Nach ersten und kurzen Gehversuchen in einem Studium der *Life Science Engeniering* begann ich ein Lehramtsstudium, in dem Chemie eher zufällig ein Fach von vielen war.

Schon nach dem ersten Semester des Chemiestudiums wurde mir klar, dass dieses Gebiet meine ungeteilte Aufmerksamkeit verdient. Die Vielfältigkeit dieser Disziplin und die Faszination, die Natur im Allerkleinsten begreifen zu können, hatten mich in ihren Bann gezogen.

Von Anfang an hat mich die bioanorganische Chemie besonders interessiert. Besonders attraktiv an der Arbeitsgruppe von Prof. Dr. Nora Kulak war für mich der Blick über den Tellerrand der Chemie hinaus – weg von rein akademischer Arbeit hin zu medizinisch relevanten Fragestellungen. Der große Motivator für meine Arbeit ist und war immer das Gefühl, Forschung mit Anwendungsbezug zu betreiben.

Besonderen Dank möchte ich allen meinen Dozenten und im Besonderen Frau Prof. Dr. Nora Kulak aussprechen. Ihnen allen verdanke ich, einen Beruf gefunden zu haben, der mich ausfüllt und immer wieder zu Neuem motiviert.

Jan Hormann, M.Sc.

Inhaltsverzeichnis

Die Anhänge des Buches sind als Zusatzmaterialien unter www.springer.com auf der Produktseite dieses Werkes verfügbar.

Abkürzungsverzeichnis

δ	chemische Verschiebung
An.	Analyse
BNPP	Bis(*p*-nitrophenyl)phosphat
bzw.	beziehungsweise
BOC	*tert*-Butoxycarbonyl
BOC-OSu	*N*-(*tert*-Butoxycarbonyloxy)succinimid
DCM	Dichlormethan
DMF	*N,N*-Dimethylformamid
DMSO	Dimethylsulfoxid
DNA	Desoxyribonukleinsäure
EDTA	Ethylendiamintetraacetat
ESI	Elektospray-Ionisation
et al.	und andere (*et alii*)
eq.	Equivalente
Fa.	Firma
Hz	Hertz
HSAB	*hard and soft acids and bases*
J	Betrag der Kopplungskonstante
m/z	Masse-zu-Ladung-Verhältnis
mbar	Millibar
mod.	modifiziert
MS	Massenspektrometrie
MRI	*magnetic resonance imaging*
NMR	*nuclear magentic resonance*
o.	oder
o.g.	oben genannt
PBS	*phosphate buffered saline*
PET	Positronen Emissions Tomographie
ppm	*parts per million*
RNA	Ribonukleinsäure
ROS	*reactive oxygen species*
RT	Raumtemperatur
TBE	TRIS-Borat-EDTA-Puffer

TFA	*trifluoroacetic acid*
THF	Tetrahydrofuran
ToF	*time of flight*
TRIS	Tris-(hydroxymethyl)-aminomethan
Ts	Tosylschutzgruppe
u.	und

1 Einleitung

1.1 Nucleasen

Einer der Schlüssel zum Erfolg von organischem Leben ist die hohe Stabilität der Desoxyribonukleinsäure (DNA). Sie ist das Ergebnis der negativen Ladung ihres Polyphosphatrückgrats und dessen Abstoßung gegenüber möglichen Nucleophilen.[1] So beträgt die Halbwertszeit der Spaltung einer Phosphodiesterbindung bei pH 7 und 25 °C schätzungsweise zwischen zehn und hundert Milliarden Jahren. Um diese Bindung zu hydrolysieren, müsste ein Katalysator eine 10^{17}-fache Beschleunigung der Reaktion bewerkstelligen.[2]

Doch auch die Spaltung von DNA ist von immenser Bedeutung für das Überleben aller Spezies. Bei der Replikation, der Vervielfältigung der DNA und der Transkription, dem Übersetzen der DNA in RNA, spaltet die Topoisomerase einen oder beide DNA-Stränge, wodurch die Superspiralisierung aufgehoben und ein Ablesen der DNA ermöglicht wird.[3] Restriktionsenzyme schützen das Genom vor viraler Fremd-DNA, indem sie diese aus der DNA herausschneiden.[4] Auch beim programmierten Zelltod, der Apoptose, spielen Restriktionsenzyme eine entscheidende Rolle und sind daran beteiligt, dass irreparabel geschädigte Zellen absterben.[5]

Die Manipulation der DNA durch den Menschen bleibt hingegen eine große Herausforderung. Bis dato entwickelte künstliche Nucleasen erreichen bei Weitem noch nicht die katalytische Aktivität von natürlich vorkommenden Enzymen.[6] Dabei verspricht die Entwicklung von biomimetischen Nucleasen zahlreiche Anwendungsmöglichkeiten in der Medizin und der Biotechnologie. Solche künstlichen Nucleasen könnten als Restriktionsagenzien in der molekularen Biologie verwendet und zur DNA-Sequenzierung genutzt werden.[7] Für medizinische Anwendungen verspricht man sich die Entwicklung einer neuen Art von Chemotherapeutika. Indem die künstlichen Metallonucleasen mit Targetingfunktionen wie Peptiden, Antikörpern oder Aptameren substituiert werden, sollen sie selektiv Tumorzellen adressieren, während sie gesunde Zellen nicht affektieren.[8]

Bei den künstlich entwickelten Nucleasen unterscheidet man bezüglich ihres Spaltmechanismus zwei verschiedene Gruppen: hydrolytisch spaltende künstliche Nucleasen und oxidativ spaltende künstliche Nucleasen.

1.2 Hydrolytische DNA-Spaltung

Die Entwicklung von hydrolytisch spaltenden Komplexen orientiert sich an den in der Natur vorkommenden Restriktionsenzymen. Somit steht an erster Stelle der Entwicklung von künstlichen Nucleasen die Strukturaufklärung von natürlichen Nucleasen und hieraus die Gewinnung von mechanistischen Details zur DNA-Spaltung. So überrascht es auch nicht, dass die zunächst entwickelten künstlichen Nucleasen hauptsächlich die Metalle Zn(II), Mg(II) und Ca(II) in ihrem katalytisch aktiven Zentrum tragen. Dabei handelt es sich um jene Metalle, die hauptsächlich in den natürlichen Nucleasen vorkommen. Spätere Entwicklungen schlossen dann auch andere Metallzentren wie Lanthanoide und Übergangsmetalle ein.[7]

Beim Mechanismus der hydrolytischen DNA-Spaltung handelt es sich um eine nucleophile Substitutionsreaktion, bei der das Phosphoratom des DNA-Phosphatrückgrats das elektrophile Zentrum darstellt. Als Nucleophil tritt Wasser bzw. treten Hydroxidionen in Erscheinung. Ein vereinfachter Mechanismus der Enzym-katalysierten hydrolytischen DNA-Spaltung ist in Abbildung 1 dargestellt.

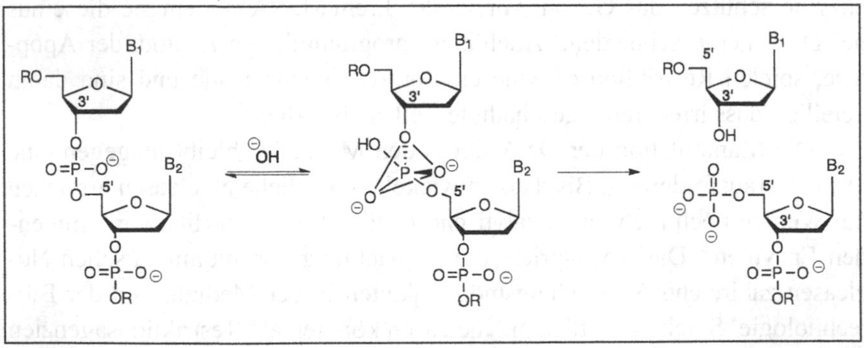

Abbildung 1: Mechanismus der Enzym-katalysierten hydrolytischen Spaltung nach Mancin.[7]

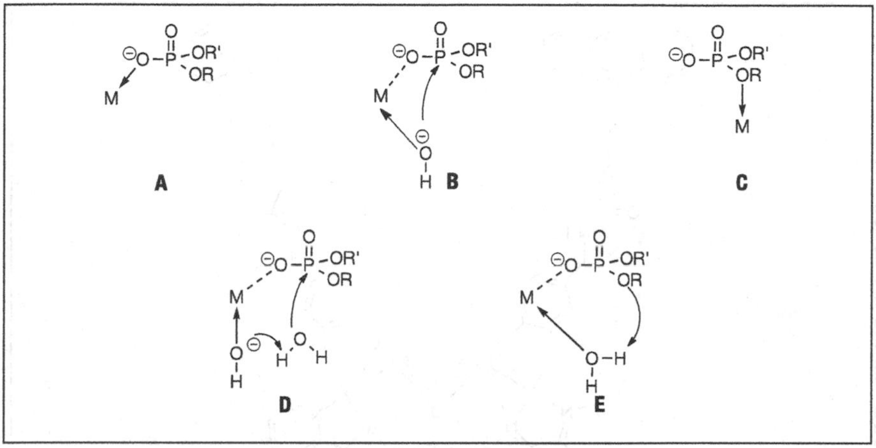

Abbildung 2: Möglichkeiten zur Aktivierung der Phosphatesterspaltung durch ein Metall nach Williams.[2]

Metallionen beeinflussen diese Spaltung auf unterschiedliche Weise (vgl. Abbildung 2). Sie können aufgrund ihrer Lewis-Acidität den Phosphatester aktivieren, indem sie an das Oxoanion koordinieren (**A**). Eine solche Aktivierung ist in ähnlicher Weise auch für das Nucleophil möglich (**B**). Eine Stabilisierung der Abgangsgruppe würde die nucleophile Substitution ebenfalls begünstigen (**C**). Zusätzlich sind indirekte Mechanismen möglich: Metall-koordinierte Hydroxidionen können als Base fungieren und so Wasser zum Nucleophil aktivieren (**D**). Metall-koordiniertes Wasser kann als Säure wirken und so die Abgangsgruppe protonieren (**E**).[2]

Eine Kombination aus diesen Wirkmechanismen ist durch das Vorhandensein mehrerer Metallzentren möglich. So haben auch viele der natürlich vorkommenden Enzyme, die Phosphatester hydrolysieren, zwei oder mehrere Metallionen in ihrem katalytischen Zentrum.[9] Eine der am effektivsten spaltenden künstlichen Metallonucleasen ist der von Chen *et al.* entwickelte Di-Eisen(III)komplex (Abbildung 3). Dieser verringert bei einer Konzentration von 56 μM die Halbwertszeit von DNA bei pH 7 auf etwa 2 Minuten. Einer der Gründe für diese Aktivität ist seine hohe DNA-Affinität, die durch das Anbringen von zwei DNA-Interkalatoren an den Komplex erklärt wird.[10]

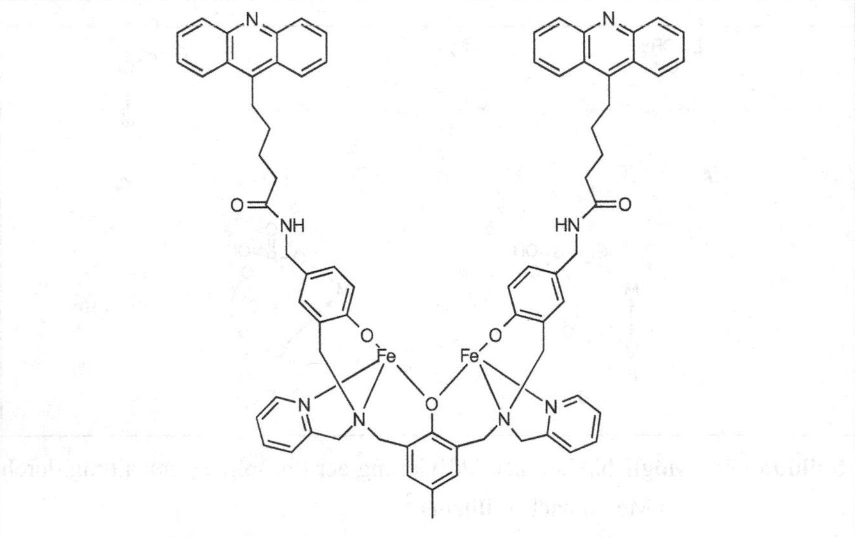

Abbildung 3: Zweikerniger Eisen(III)komplex von Chen *et al.*[10]

1.3 Oxidative DNA-Spaltung

Während die DNA weitgehend resistent gegen die hydrolytische Spaltung ist, wird sie oxidativ leicht gespalten.[6] Oft wird allein durch die Natur des Metallions entschieden, um welchen Spaltmechanismus es sich handelt. Übergangsmetalle wie Zn(II) und Pd(II), die hauptsächlich in einer Oxidationsstufe vorkommen, spalten in ihren Komplexen gewöhnlich nach dem hydrolytischen Mechanismus. Übergangsmetalle mit bekannter Redoxchemie wie Cu(II) und Fe(III) werden hingegen oft genutzt, um oxidativ spaltende Komplexe zu entwickeln. Diese Einteilung ist jedoch nicht streng. So gibt es auch mehrere Eisen(II)komplexe, die hydrolytisch spalten können und zumindest einen Zink(II)komplex, der aufgrund der Natur seines Liganden DNA oxidativ spalten kann.[10,11]

Die DNA-Spaltung durch oxidative Mechanismen verläuft vollkommen anders als die hydrolytische DNA-Spaltung. Um die Spaltung einzuleiten, müssen die Komplexe zuvor aktiviert werden. Oft werden Kofaktoren wie L-Ascorbinsäure oder Wasserstoffperoxid hinzugesetzt, um die Metallzentren zu reduzieren. Die oxidative Spaltung erfolgt dann unter Bildung

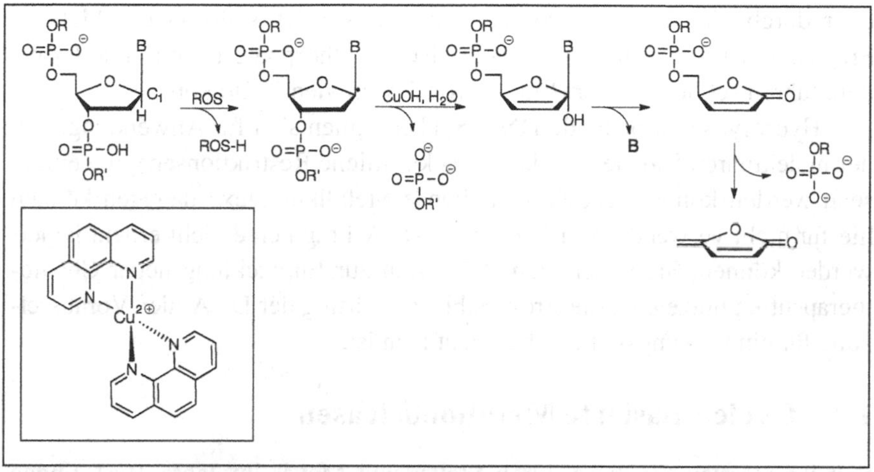

Abbildung 4: DNA-Spaltmechanismus des Bis(1,10-phenanthrolin)kupfer(II)-komplexes (oben) und Darstellung des Bis(1,10-phenanthrolin)-kupfer(II)-komplex (unten). Bei den reaktiven Sauerstoffspezies (ROS) handelt es sich entweder um ·OH oder eine kupfergebundene Oxospezies.

von reaktiven Sauerstoffspezies (ROS), die entweder durch die Redoxchemie des Metalls oder auch durch Photoanregung mittels Bestrahlung eines Liganden gebildet werden können. Bei solchen Spezies kann es sich unter Anderem um Hydroxylradikale ·OH, Singulettsauersoff $^1O_2$, Peroxide O_2^{2-} oder Superoxidanionradikale $\cdot O_2^-$ handeln. Es ist wichtig festzustellen, dass beim oxidativen anders als beim hydrolytischen Mechanismus die Schädigung der DNA nicht durch eine direkte Wechselwirkung des Komplexes mit der DNA hervorgerufen wird. Vielmehr verursacht eine weitere reaktive Spezies, die ROS, die Spaltung, indem sie Wasserstoffatome abstrahiert und so die DNA schädigt. Nachfolgend kommt es zu einer Fragmentierung, die dann den Strangbruch zur Folge hat. Die Schädigung der DNA kann je nach Art der beteiligten ROS entweder an der Zuckerfunktion[12] oder an den DNA-Basen erfolgen.[13,14]

Ein Beispiel für die Abstraktion eines Wasserstoffatoms durch ROS ist der von Sigman *et al.* entwickelte Bis(1,10-phenanthrolin)kupfer-Komplex.[15] Dieser ist gemeinsam mit den durch Meijler *et al.* postulierten DNA-Spaltmechanismus in Abbildung 4 dargestellt.[16] Zunächst wird das Wasserstoffatom des C_1-Kohlenstoffatoms abstrahiert, wobei es noch nicht abschließend geklärt ist, ob diese Abstraktion durch ein Hydroxylradikal ·OH oder durch eine an Kupfer-gebundene Oxospezies stattfindet.[12] Mehrere Fragmentierungen, bei denen sukzessive die Phosphatester eliminiert werden, führen schließlich zur Bildung von 5-Methylen-2-furanon.

Hydrolytisch arbeitende DNA-Spalter eignen sich für Anwendungen in der molekularen Biochemie, da sie als künstliche Restriktionsenzyme eingesetzt werden können. Oxidativ spaltende Metallkomplexe dagegen können hierfür nicht verwendet werden, da die DNA-Fragmente nicht erneut legiert werden können. Sie lassen sich stattdessen zur Entwicklung neuer Chemotherapeutika nutzen, da die irreversible Zerstörung der DNA hier Voraussetzung für ein wirkungsvolles Therapeutikum ist.

1.4 Cyclen-basierte Metallonucleasen

Seit ihrer ersten Synthese durch Stetter und Meyer im Jahre 1961 finden makrozyklische Polyamine wie der 1,4,7,10-Tetraazadodecan-Ligand, auch als Cyclen und [12]aneN_4 bezeichnet, weitreichende Anwendung in der bioanorganischen und medizinischen Chemie.[17-19] Grund hierfür ist die Fähigkeit des Cyclens, Übergangsmetalle und seltene Erden zu komplexieren, und die Möglichkeit, durch simple *N*-Funktionalisierung neue Derivate herzustellen.[19] So finden die Komplexe der Derivate DOTA (1,4,7,10-Tetraazacyclododecan-1,4,7,10-tetra-essigsäure) und DOTAM (1,4,7,10-Tetraazacyclo-dodecan-1,4,7,10-tetraessig-säureamid) Anwendung als MRI-Kontrastmittel und PET-Tracer (Abbildung 5).[20] Ihr Anwendungsgebiet erstreckt sich des Weiteren auf die molekulare Erkennung von Übergangsmetallen und auf die Verwendung als RNA- und DNA-Spalter.[21]

Verschiedene Konzepte wurden genutzt, um ausgehend vom Cyclen-Liganden DNA-Spalter zu synthetisieren. Dabei wurden sowohl hydrolytisch spaltende Komplexe ausgehend von Zink(II) und Cobalt(III), sowie oxidativ spaltende Komplexe ausgehend von Kupfer(II) hergestellt.

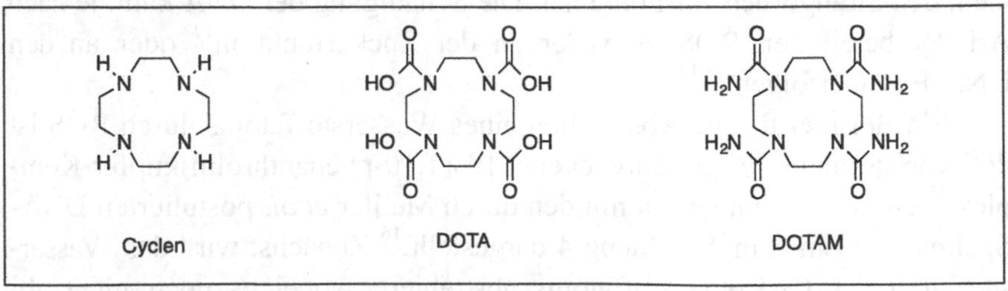

Abbildung 5: Strukturen des Cyclens und seiner Derivate.

Das erste Konzept versucht, die Aktivität der Cyclen-basierten Metallkomplexe zu erhöhen, indem es analog zu den natürlich vorkommenden Nucleasen mehrkernige Metallkomplexe nutzt. So hat die Arbeitsgruppe um König monometallische und dimetallische lipophile Zink(II)cyclenkomplexe hergestellt und aus ihnen Micellen dargestellt.[22] Die hohe Spaltaktivität dieser Komplexe bezüglich BNPP-Estern wird dabei auf die hohe lokale Konzentration an Zinkatomen zurückgeführt. Neuere Arbeiten der Arbeitsgruppe beschäftigen sich mit dem Zusammenhang zwischen BNPP-Ester-Spaltung und dem Abstand zwischen den Zink-Zentren.[23] Bencini *et al.* konzentrieren sich auf die Entwicklung von dreikernigen Kupfer(II)cyclen- und Kupfer(II)oxacyclen-komplexen, die die Hydrolyse von BNPP-Estern durch einen hydrolytischen Mechanismus katalysieren sollen. Allerdings verzeichnete keiner dieser Komplexe große Aktivität bezüglich der Spaltung von Plasmid-DNA.[24]

Ein weiterer Ansatz ist, die Spaltaktivität von DNA-Spaltern durch Erhöhung der Affinität zur DNA zu steigern. Hierfür werden DNA-Interkalatoren genutzt, die durch *N*-Funktionalisierug an das Cyclen angebracht werden können. Der am besten untersuchte DNA-Interkalator ist hierbei Anthracen. So wurde durch Li *et al.* die Spaltaktivität des in Abbildung 6 dargestellten Anthracen-substituierten Kupfer(II)-komplexes untersucht.[25] Es zeigte sich, dass ein 0.179 mM konzentrierter Komplex unter physiologischen Bedingungen innerhalb von 12 Stunden über einen oxidativen Mechanismus Plasmid-DNA (7 µg/mL) vollständig in die einfach gespaltene DNA-Form II (vgl. Box 2) überführen kann.

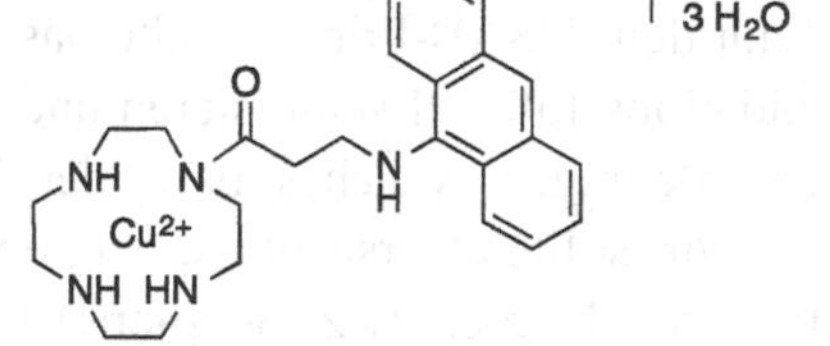

Abbildung 6: Anthracen-substituierter Kupfer(II)cyclenkomplex nach Li.[25]

Von Acridin-substituierten Zink(II)cyclenkomplexen konnten zunächst Kikuta *et al.* 1999 zeigen, dass diese durch Wechselwirkung mit den Uracil- oder Thymin-Basen RNA bzw. DNA binden könnnen.[26] Rossiter *et al.* zeigten 2007, dass ähnliche auf Zink(II)oxacyclen-basierte Komplexe RNAanaloge Verbindungen erfolgreich spalten können.[27] Auf einem anderen Weg kann die Affinität von Cyclen-basierten Komplexen zur DNA durch das Anbringen von Nucleinsäuren oder Nucleinsäure-substituierten Peptiden (PNA-Motiven) erhöht werden, die durch Watson-Crick-Basenpaarung selektiv DNA-Bereiche erkennen können.[28-30]

Außerdem lässt sich die Affinität eines Cyclenkomplexes zur DNA durch die Einführung einer positiven Ladung erhöhen. So wurden zum Beispiel durch Li *et al.* Cu(II), Zn(II) und Co(III)komplexe synthetisiert, die mit einer Imidazoliumfunktion an einem der Stickstoffatome des Cyclens funktionalisiert sind. Diese Komplexe zeigten eine gute DNA-Schneidaktivität, die möglicherweise auf eine elektrostatische Wechselwirkung zwischen den Phosphatgruppen und der Imidazoliumgruppe zurückgeführt werden kann.[31]

1.5 Zielsetzung dieser Arbeit

Die oben vorgestellten Cyclen-basierten Metallkomplexe haben gemeinsam, dass es sich bei ihnen um eher komplexe Strukturen handelt. Es konnte gezeigt werden, dass die DNA-Affinität und die DNA-Spaltaktivität durch verschiedene Modifikationen des Cyclenliganden erhöht werden können. Jedoch sind grundlegende Studien zur Wechselwirkung des Ligandensystems mit dem verwendeten Metall und der Effekt des Austausches eines oder mehrerer der Stickstoffatome bisher nicht durchgeführt worden.

Im Rahmen dieser Masterarbeit sollte zunächst untersucht werden, welchen Einfluss der Austausch eines der Stickstoffatome durch Sauerstoff und Schwefel am Cyclenliganden hat. Es wurde postuliert, dass das Sauerstoffanalogon des Cyclens, das Oxacyclen, die Spaltaktivität des Kupferkomplexes erhöhen könnte. Laut dem HSAB-Prinzip sollte das Sauerstoffatom das Kupferatom in der Oxidationsstufe +II stabilisieren und somit die Reoxidation des Kupfer(I) beschleunigen, welches nach der Bildung der ROS-Spezies vorliegt. Umgekehrt sollte untersucht werden, ob der HSAB-weiche Schwefel die Reduktion von Kupfer(II) zu Kupfer(I) beschleunigen kann. Außerdem sollte geprüft werden, welchen Einfluss der Austausch zweier Stickstoffatome durch Schwefel und Sauerstoff auf die Komplexe und deren Eigenschaften hat. Ebenfalls sollte der Einfluss dieser Veränderungen auf die entsprechenden Zinkkomplexe des Cyclens und seiner Analoga untersucht werden. Hier hätte ein Austausch eines oder mehrerer Stickstoffatome hauptsächlichen Einfluss auf die Lewisacidität des Metallatoms und somit

Box 1: Pearsons HSAB-Prinzip

Die Hauptaussage des *hard and soft acids and bases* (HSAB) Prinzips, das 1963 durch Pearson eingeführt wurde, lässt sich leicht formulieren: harte Säuren koordinieren vorzugsweise harte Basen und weiche Säuren weiche Basen.[32-34] Bei den Säuren und Basen handelt es sich hierbei um die von Lewis definierten Elektronenakzeptoren und Elektronendonatoren, die durch die folgenden Eigenschaften charakterisiert sind:[35]

Weiche Basen: Die Elektronendonatoren sind leicht polarisierbar, weisen eine geringe Elektronegativität auf und lassen sich daher leicht oxidieren. Die Valenzelektronen sind nur leicht gebunden.

Harte Basen: Die Elektronendonatoren sind wenig polarisierbar, weisen eine hohe Elektronegativität auf und lassen sich nur schwer oxidieren. Die Valenzelektronen sind stark gebunden.

Weiche Säuren: Die Elektronenakzeptoren besitzen einen großen Atomradius, weisen eine geringe positive Ladung auf und besitzen ungepaarte Elektronen in ihren Valenzschalen (p oder d). Sie sind leicht polarisierbar und besitzen eine geringe Elektronegativität

Harte Säuren: Die Elektronenakzeptoren besitzen einen kleinen Atomradius, weisen eine hohe positive Ladung auf und besitzen keine ungepaarten Elektronen in ihren Valenzschalen. Sie sind schwer polarisierbar und besitzen eine hohe Elektronegativität.

Eine Auswahl der Klassifizierung in harte und weiche Säuren und Basen nach Housecroft ist in der folgenden Tabelle dargestellt:[36]

	Liganden (Lewis Basen)	**Metallzentren (Lewis Säuren)**
hart	F^-,Cl^-, ROH, R_2O, OH^-, NO_3^-, NH_3, RNH_2	Li^+, Na^+, Mn^{2+}, Zn^{2+}, Fe^{3+}, Co^{3+}, Ti^{4+}
weich	I^-, H^-, RSH, R_2S, R_3P	Cu^+, Ag^+, Au^+, Pd^{2+}
Grenzfall	Br^-, $ArNH_2$	Fe^{2+}, Co^{2+}, Ni^{2+}, Cu^{2+}

Beispielsweise handelt es sich bei Cu(I) um eine weiche Säure, die bevorzugt von weichen Basen wie Schwefel koordiniert wird.

auch indirekten Einfluss auf die hydrolytische Spaltaktivität bezüglich DNA (vgl. 1.2).

Es sollte versucht werden, Cyclen durch die Kopplung mit verschiedenen DNA-Interkalatoren weiter zu derivatisieren, wobei die Interkalatoren Anthrachinon, Naphthalin und Anthracen zum Einsatz kommen sollten. Neben den literaturbekannten mono- sowie disubstituierten Cyclen-Liganden sollten auch bisher nicht beschriebene trisubstituierte Cyclen-Liganden hergestellt und charakterisiert werden. Abschließend sollte die Auswirkung der Mehrfachsubstitution auf die Fähigkeit der aus den Liganden hergestellten Kupfer-Komplexe untersucht werden, in die DNA zu interkalieren. Die Ergebnisse dieser Arbeit sollen grundlegende Kenntnisse über die Anwendbarkeit von Kupfer(II)- und Zink(II)cyclenkomplexanaloga als DNA-Spalter liefern.

2 Ergebnisse und Diskussion

2.1 Synthese

2.1.1 Synthese von Cyclen

1,4,7,10-Tetraazacyclododecan (**8**), auch als [12]aneN_4 oder Cyclen bezeichnet, wurde in einer fünfstufigen Synthese ausgehend von Diethylentriamin (**1**) und Diethanolamin (**4**) synthetisiert. Hierbei wurde nach der 1974 von Richman und Atkins vorgestellten Methode gearbeitet.[18] Die Syntheseroute ist in Abbildung 7 dargestellt.

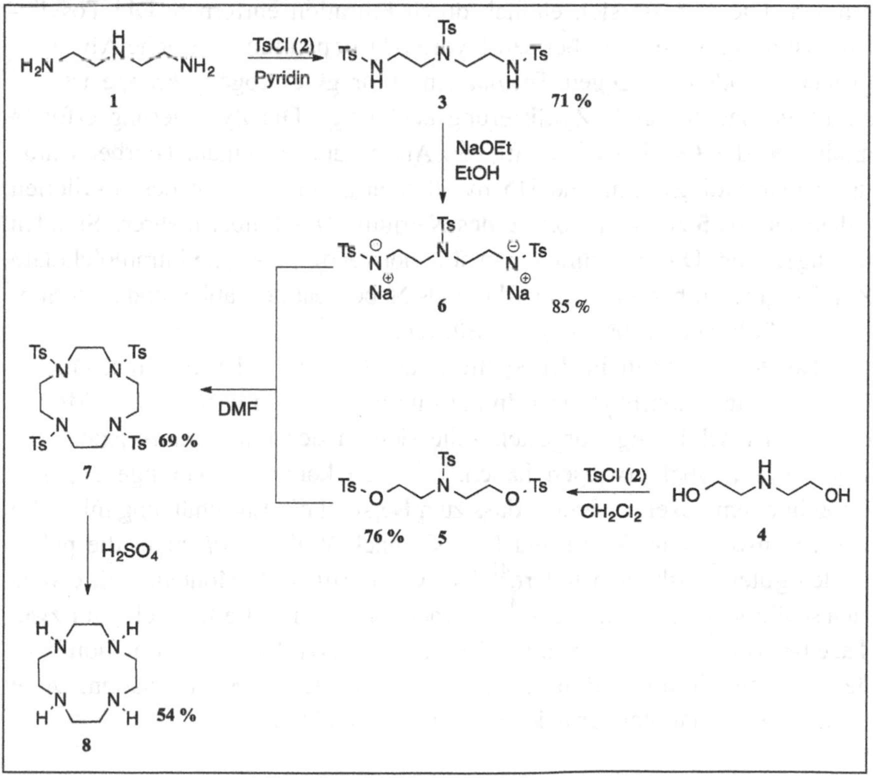

Abbildung 7: Syntheseroute für Cyclen.

Auch wenn es sich bei der von Richman und Atkins entwickelten Syntheseroute um die am häufigsten zitierte handelt, ist sie in weiten Teilen wenig konkret. Daher wurde für die Synthese der Edukte **3**, **5** und **6** nach verschiedenen anderen Vorschriften gearbeitet. Zunächst wurde das Dinatriumsalz **6** dargestellt. Hierbei wurde nach einer Vorschrift von Atkins, Richman und Oettle vorgegangen.[37] Im ersten Schritt wurde Diethylentriamin (**1**) tosyliert und dann die Aminogruppen deprotoniert. Die Tosylierung gewährleistet, dass Nebenreaktionen wie die Bildung von tertiären Aminen im Zyklisierungsschritt vermieden werden. Die Ausbeute in Höhe von 85 % entspricht der Literaturausbeute.

Die Tosylschützung des Dieethanolamins **5** wurde nach einer Vorschrift von Huang durchgeführt.[38] Der Reaktion wird hierbei Triethylamin hinzugesetzt, welches den bei der Reaktion zwischen Tosylchlorid und Diethanolamin freiwerdenden Chlorwasserstoff abfängt und zum Hydrochloridsalz reagiert. Dieses lässt sich einfach durch Filtration entfernen. Die Tosylierung ist nötig, da es sich bei den Hydroxylgruppen um schwache Abgangsgruppen handelt, wogegen Tosylat eine sehr gute Abgangsgruppe ist und somit die nachfolgende Zyklisierung begünstigt. Die Zyklisierung erfolgte analog zu der Originalvorschrift von Atkins und Richman. Hierbei wurde unter Inertbedingungen und Hochverdünnung eine Lösung des tosylierten Ethanolamins **5** zu einer Lösung des Natriumsalzes **6** über mehrere Stunden hinzugegeben. Diese Bedingungen sind notwendig, um eine intramolekulare Zyklisierung zu begünstigen und die als Nebenreaktion ablaufende intermolekulare Polymerisierung zu unterdrücken.

Der letzte Schritt in der Synthese des Cyclens **8** ist die Entschützung des tosylierten Makrozyklus **7**. In der Literatur werden verschiedene Methoden zur Entschützung vorgestellt, die sich in der Laborpraxis jedoch als wenig praktikabel erwiesen haben.[18,39,40] So konnte in vorangegangenen Experimenten gezeigt werden, dass zum Beispiel die Entschützung mit Hilfe von Bromwasserstoffsäure und Eisessig nach White *et al.* nicht die publizierten guten Ausbeuten liefert.[41] Die Vorschrift nach Montembault erwies sich schließlich als geeignetste.[42] Hierbei wird das tosylierte Cyclen für zwei Tage bei 100 °C in 96 % Schwefelsäure entschützt. Durch Sublimation wurde das Cyclen in hoher Reinheit in einer Ausbeute von 54 % erhalten. Diese ist aus oben genannten Gründen als gut zu betrachten.

2.1.2 Synthese von Thiacyclen

1-Thia-4,7,10-triazacyclododecan (**15**), kurz auch [12]aneN_3S oder Thiacyclen, wurde in einer Syntheseroute ganz ähnlich zu der des Cyclens synthetisiert. Hierbei wurde analog zu einer Vorschrift von Marcus *et al.* gearbeitet.[43] Die Syntheseroute ist in Abbildung 8 vollständig dargestellt.

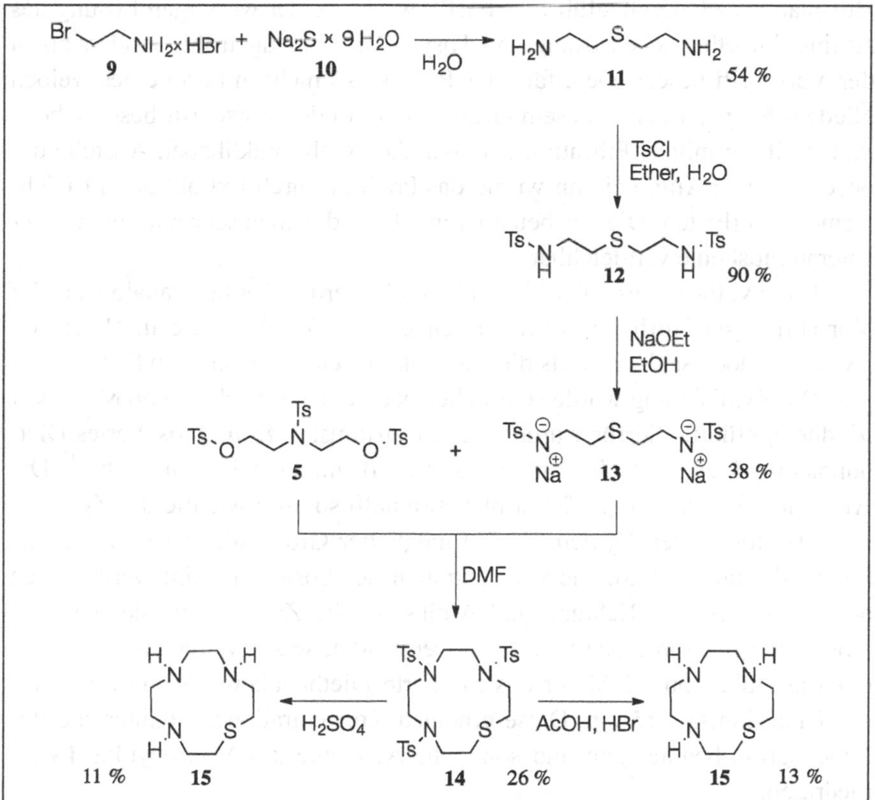

Abbildung 8: Syntheseroute für Thiacyclen **15**.

Den Part des Nucleophils übernimmt bei dieser Synthese das Dinatriumsalz des tosylierten Bis(diethylamino)sulfids **13**. Dieses ist in drei Stufen aus Bromethylamin-Hydrobromid **9** und Natriumsulfid-Nonahydrat **10** zugänglich. In der ersten Stufe wurden die Verbindungen **9** und **10** nach einer Vorschrift von Gahan miteinander umgesetzt.[44] Zunächst wurde hierbei aus dem Hydrobromidsalz **9** durch Zugabe von Natronlauge das freie Amin dargestellt. Dieses wurde anschließend unter Bildung des Produkts **11** durch das Sulfidion in einer nucleophilen Substitution angegriffen. Hochverdünnung in Wasser gewährleistet auch bei dieser Reaktion, dass keine höhersubstituierten Amine entstehen. Die Ausbeute in Höhe von 54 % entspricht annähernd der Literaturausbeute.

Die Tosylierung der Verbindung **11** wurde nach einer Vorschrift von Hoffmann *et al.* durchgeführt.[45] Hierfür wird zu einer wässrigen Lösung des Amins eine etherische Lösung von Tosylchlorid hinzugetropft. Anders als in der Vorschrift beschrieben, fällt das Produkt **12** nicht in Form eines weißen Niederschlags aus. Aus diesem Grund ist die in der Vorschrift beschriebene Aufarbeitung mittels Filtration und Waschen nicht praktikabel. Anstelle der beschriebenen Aufarbeitung wurde das Produkt durch Extraktion mit Dichlormethan erhalten. Die Ausbeute ist mit 90 % dennoch sehr gut und mit der Literaturausbeute vergleichbar.

Die Synthese des Dinatriumsalzes **13** wurde ebenfalls analog zu der Vorschrift von Hoffmann *et al.* durchgeführt. Die Ausbeute in Höhe von 38 % ist jedoch schlechter als die Literaturausbeute in Höhe von 85 %.

Die Zyklisierung wurde schließlich nach einer Vorschrift von Marcus *et al.* durchgeführt. Hierfür wurden das Dinatriumsalz **13** und tosyliertes Diethanolamin **5** unter Hochverdünnung in DMF miteinander umgesetzt.[43] Die Ausbeute in Höhe von 26 % ist nur etwa halb so groß wie die der Zyklisierung des tosylierten Cyclens **7**. Ein möglicher Grund für diese Diskrepanz könnte die unterschiedliche Konzentration der Lösungen sein: werden nach der Vorschrift von Richman und Atkins für die Zyklisierung des Cyclens Konzentrationen in Höhe von 0.2 M verwendet, setzte Marcus Konzentrationen in Höhe von 0.3 M für das tosylierte Diethanolamin **5** und 0.5 M für das Dinatriumsalz **13** ein. Diese erhöhten Konzentrationen könnten die Polymerisation begünstigen und somit die Ausbeute des Makrozyklus **14** erniedrigen.

Die Entschützung zum freien Makrozyklus **15** wurde aufgrund der positiven Ergebnisse für die Entschützung des Cyclens mit Schwefelsäure auf zwei Arten durchgeführt: zunächst analog zu der Entschützung des Cyclens und zusätzlich analog zu der von Marcus *et al.* publizierten Methode durch Eisessig und Bromwasserstoffsäure. Es zeigte sich, dass beide Methoden eine Ausbeute um 10 % erzielen und somit keine der Methoden der anderen überlegen ist.

2.1.3 Synthese von Oxathiacyclen

1-Oxa-7-thia-4,10-diazacyclododecan (**18**), kurz auch [12]aneN_2OS oder Oxathiacylcen, wurde analog zu einer Vorschrift von Afshar *et al.* synthetisiert.[46] Die hierfür benötigten Edukte wurden schon im Rahmen der Synthesen von Cyclen **8** und Thiacyclen **15** hergestellt. Die Synthese ist in Abbildung 9 dargestellt.

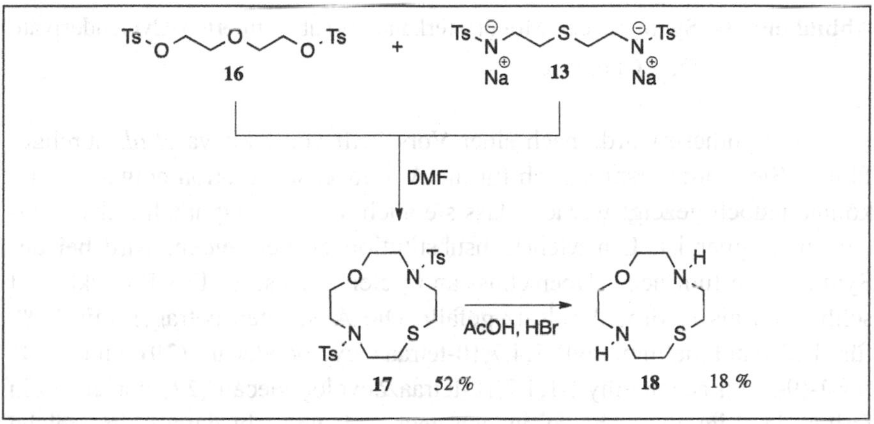

Ts O O O Ts + Ts N⊖ Na⊕ S N⊖ Na⊕ Ts

16 13

DMF

17 52 % —AcOH, HBr→ 18 18 %

Abbildung 9: Syntheseroute für Oxathiacyclen **18**.

Die Zyklisierung erfolgte erneut ganz analog zu der Zyklisierung von Cyclen **8** bzw. Thiacyclen **15** unter Hochverdünnung in DMF. Die Ausbeute in Höhe von 52 % ist nur etwa halb so groß wie die Literaturausbeute.

Die Entschützung wurde in einer Mischung aus Eisessig und Bromwasserstoffsäure durchgeführt und lieferte den freien Makrozyklus in einer Ausbeute von 18 %. Die Ausbeute ist mit der Literaturausbeute vergleichbar.

2.1.4 Synthese von Mono(interkalator)-substitiertem Cyclen

Um die Affinität des Cyclens **8** und seines Kupferkomplexes zur DNA zu erhöhen, wurde es mit verschiedenen DNA-Interkalatoren substituiert. Hierfür wurden Naphthalin, Anthracen und Anthrachinon gewählt. Die Synthese ist in Abbildung 10 dargestellt.

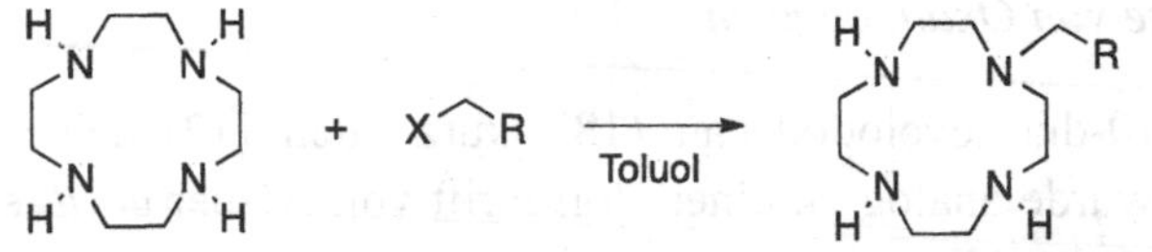

8

20, R = Naphthyl
22, R = Anthracenyl
23, R = Anthrachinonyl

Abbildung 10: Synthese der Mono(interkalator)-substittuierten Cyclenderivate (X = Cl o. Br).

Die Synthese wurde nach einer Vorschrift von Akkaya *et al.* durchgeführt.[47] Sie wurde ursprünglich für die Anthracensubstitution entwickelt. Es konnte jedoch gezeigt werden, dass sie auch auf den Naphthalinsubstituenten übertragbar ist. Um Mehrfachsubstitution zu vermeiden, wird bei der Synthese ein fünffacher Überschuss an Cyclen eingesetzt. Das Produkt wird schließlich als Hydrochloridsalz gefällt. Die Ausbeuten betragen mit 24 % für 1-(2-Naphthalinmethyl)-1,4,7,10-tetraazacyclododecan (**20**) und 25 % für 1-(9-Anthracenmethyl)-1,4,7,10-tetraazacyclododecan (**22**) nur etwa ein Drittel der Literaturausbeute, jedoch geht Akkaya nicht darauf ein, welche Stöchiometrie das Hydrochloridsalz hat. Untersuchungen durch Elementaranalyse konnten zeigen, dass im Falle des Naphthalinsubstituenten dreieinhalb Äquivalente Chlorwasserstoff und im Falle des Anthracensubstituenten vier Äquivalente Chlorwasserstoff und zwei Äquivalente Wasser in den Produkten **20** und **22** enthalten sind. Würde die Stöchiometrie des Produktes **22** auf die Literaturausbeute angewendet werden, würde diese anstelle der publizierten 75 % nunmehr 50 % betragen.

Eine weitere Möglichkeit, monosubstituierte Cyclene zu gewinnen, wäre die dreifache Schützung des Cyclens. So ist laut Boldrini *et al.* dreifachformyliertes Cyclen in hohen Ausbeuten (92 %) verfügbar.[48]

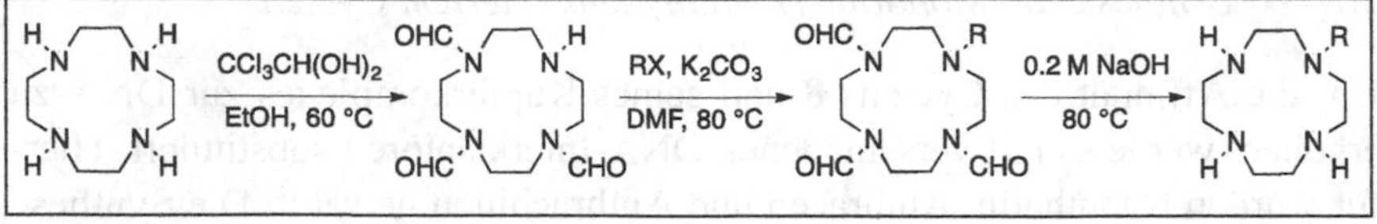

Abbildung 11: Synthese von monosubstituiertem Cyclen nach Boldrini.[48]

Diese Methode verspricht höhere Ausbeuten des monosubstituierten Cyclens und würde den Überschuss an Cyclen überflüssig machen.

2.1.5 Synthese von Bis- und Tris(anthracenmethyl)cyclen

Um zu untersuchen, ob die DNA-Affinität von Interkalator-substituierten Cyclenen durch Mehrfachsubstitution gesteigert werden kann, wurde versucht, zweifach und dreifach Anthracen-substituiertes Cyclen zu synthetisieren.

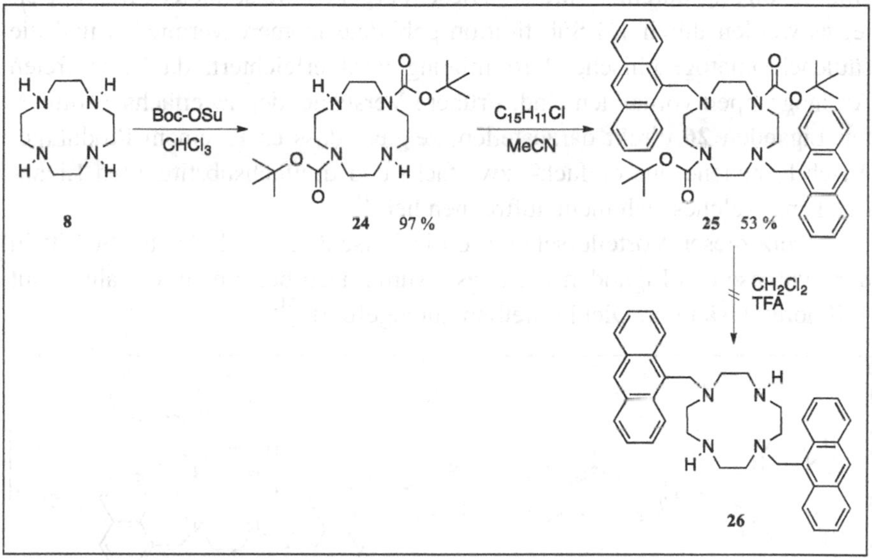

Abbildung 12: Synthese von 1,7-Bis(anthracenmethyl)-1,4,7,10-tetraazacyclododecan.

In Abbildung 12 ist die Syntheseroute zum zweifach Anthracen-substituierten Cyclen dargestellt. Zunächst wurde Cyclen in den Positionen 1 und 7 Boc-geschützt. Hierbei wurde nach einer Vorschrift von De León-Rodríguez gearbeitet. Die Ausbeute von 97 % entspricht hierbei der publizierten Ausbeute. Die Regioselektivität dieser Reaktion kann laut De León-Rodríguez auf die Struktur des Makrozyklus zurückgeführt werden. Die Wasserstoffatome, die an die Positionen N_4 und N_{10} gebunden sind, befinden sich innerhalb des Makrozyklus und sind in das Zentrum des Rings gerichtet. Sie stehen somit für eine Substitution nicht zur Verfügung.[49] Die Einführung der Anthracenfunktionen wurde in Acetonitril durchgeführt. Hierbei wurde der Boc-geschützte Cyclenligand **24** mit zwei Äquivalenten des Interkalators für 14 Stunden zum Rückfluss erhitzt. Um den entstehenden Chlorwasserstoff abzufangen, wurde dem Reaktionsgemisch außerdem Kaliumcarbonat zugesetzt. Die nicht literaturbekannte Verbindung **25** konnte nach säulenchromatographischer Aufreinigung in 53 % Ausbeute isoliert werden und wurde über ESI-MS sowie ^{1}H- und ^{13}C-NMR-Spektroskopie charakterisiert. Obwohl Direktsynthesen zu dem Liganden **26** bekannt sind, wurde sich bewusst dafür entschieden, die Synthese über den Umweg der Boc-Schützung durchzuführen.[50] Diese Vorgehensweise bietet zwei Vorteile: es werden durch 1,4-Substitution gebildete Isomere vermieden und die säulenchromatographische Aufreinigung wird erleichtert, da keine freien Aminogruppen vorhanden sind. Frühere Versuche, den zweifachsubstituierten Liganden **26** direkt darzustellen, zeigten, dass es zu einem Produktgemisch bestehend aus einfach-, zweifach- und dreifachsubstituierten Liganden kam, welches sich nicht auftrennen ließ.[41]

Trotz dieser Vorteile scheiterte die Entschützung als letzter Schritt in der Synthese des Liganden **26**. Diese wurde nach bekannten Verfahren mit Trifluoressigsäure in Dichlormethan durchgeführt.[51,52]

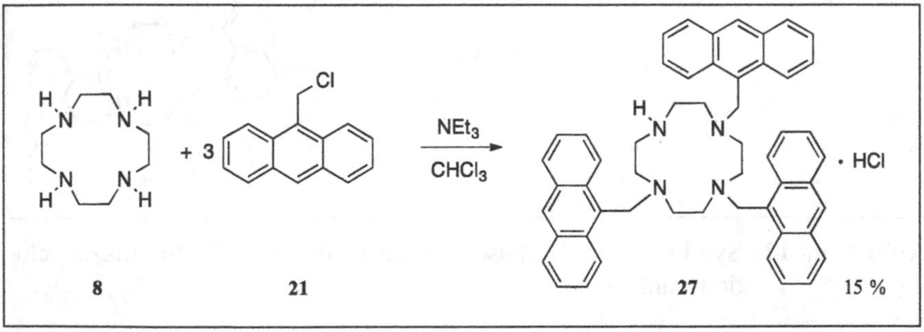

Abbildung 13: Synthese von 1,7-Bis(anthracenmethyl)-1,4,7,10-tetraazacyclododecan.

Das nicht literaturbekannte Tris(anthracen)cyclen **27** wurde in Analogie zu einer Veröffentlichung von Wong und Li für die Dreifachsubstitution von Cyclen synthetisiert.[53] Hierbei wurde der Makrozyklus **8** mit drei Äquivalenten des Interkalators **21** in Chloroform unter Zusatz von Triethylamin umgesetzt (Abbildung 13).

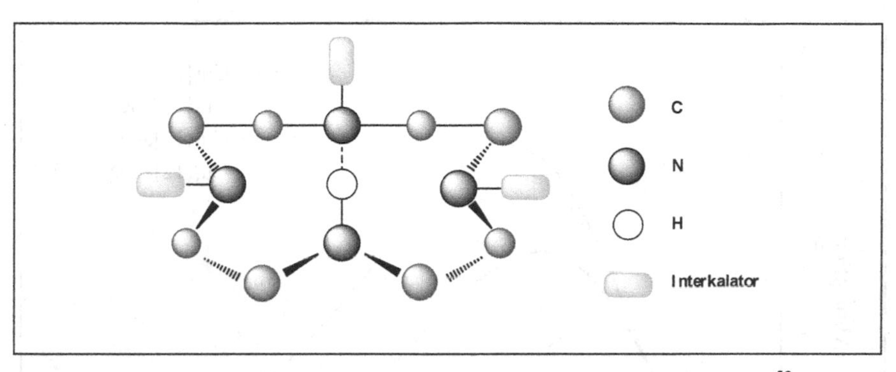

Abbildung 14: Selektivität für die Trialkylierung von Cyclen nach Li.[53]

Die Selektivität für den dreifach substituierten Liganden führen Wong und Li hierbei auf die Protonierung der freien Aminogruppe zurück, die daraufhin mit dem gegenüberliegenden Stickstoffatom wechselwirkt und somit nicht für eine weitere Substitution zur Verfügung steht (Abbildung 14).

2.1.6 Synthese der Kupfer(II)cyclenanaloga

Die Synthese der Kupferkomplexe des Cyclens, Oxacyclens, Thiacyclens und Oxathiacylens ist in Abbildung 15 dargestellt.

+ $Cu(NO_3)_2 \cdot 3\,H_2O$ $\xrightarrow{MeOH}$ Cu^{II} $2\,NO_3^-$

Ligand		Cu-Salz	Komplex		Ausbeute
8,	X = NH, Y = NH	**28**	**29**,	X = NH, Y = NH	60 %
30,	X = O, Y = NH		**31**,	X = O, Y = NH	63 %
15,	X = S, Y = NH		**32**,	X = S, Y = NH	40 %
18,	X = S, Y = O		**33**,	X = S, Y = O	43 %

Abbildung 15: Allgemeines Syntheseschema für die Kupfer(II)cyclenkomplexe.

Zu einer methanolischen Lösung von Kupfernitrat wurde eine Lösung des jeweiligen Liganden hinzugegeben und zum Rückfluss erhitzt. Die Bildung des jeweiligen Komplexes zeigte sich umgehend durch eine Farbände-

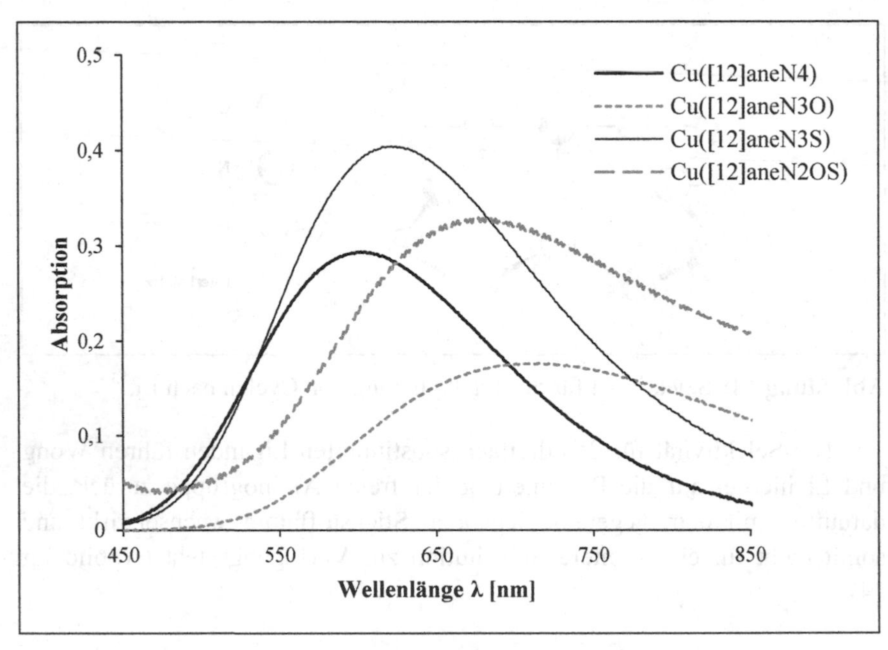

Abbildung 16: Auschnitt der UV/Vis-Spektren der Kupfer(II)cyclenkomplexe. Die Komplexkonzentration beträgt 5 mM, die Komplexe wurden in 100 mM Tris-HCl-Lösung (pH 7.4) gemessen.

rung der Lösung von farblos nach dunkelblau. Während der Kupfer(II)-cyclenkomplex, [Cu([12]aneN_4)$(NO_3)_2$] **29**, bereits durch Clay beschrieben wurde, sind vom [Cu([12]aneN_3O)$(NO_3)_2$] **31** und [Cu([12]aneN_3S)$(NO_3)_2$] **32** nur Komplexe anderer Metallsalze bekannt. Der [Cu([12]aneN_2OS) $(NO_3)_2$]-Komplex **33** wird an dieser Stelle zum ersten Mal beschrieben.[54]

Die Kupferkomplexe **29**, **31**, **32** und **33** wurden isoliert und über UV/Vis-Spektroskopie, Massenspektroskopie, Elementaranalyse und IR-Spektroskopie charakterisiert. Im Falle des [Cu([12]aneN_3O)$(NO_3)_2$] und des [Cu([12]aneN_3S)$(NO_3)_2$] war es außerdem möglich, Einkristalle für eine Röntgenstrukturanalyse zu gewinnen.

Die maximale Absorption von [Cu([12]aneN_4)$(NO_3)_2$] **29** beträgt 600 nm, von [Cu([12]aneN_3O)$(NO_3)_2$] **31** 711 nm, von [Cu([12]aneN_3S) $(NO_3)_2$] **32** 621 nm und von [Cu([12]aneN_2OS)$(NO_3)_2$]-Komplex **33** 658 nm (Abbildung 16). Diese Anregungen sind den d-d-Übergängen zuzuordnen.[55] Es zeigt sich, dass die Verschiebung in den längerwelligen Bereich des

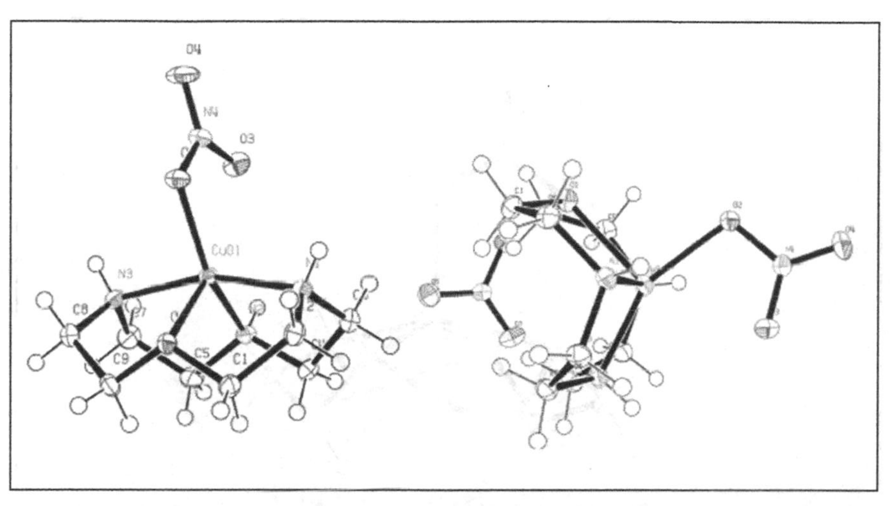

Abbildung 17: Aufsicht und Seitenansicht der Kristallstruktur von [Cu([12]aneN_3O)(NO_3)$_2$].Wahrscheinlichkeitsellipsoide sind bei 30 % Wahrscheinlichkeit dargestellt, in der Aufsicht ist das Gegenion zur besseren Übersicht nicht dargestellt.

elektromagnetischen Spektrums durch den Austausch eines Stickstoffatoms mit einem Sauerstoffatom stärker beeinflusst wird als durch den Austausch eines Stickstoffatoms mit einem Schwefelatom. Dieses Verhalten kann auf die Elektronegativität des Heteroatoms zurückgeführt werden. Je elektronegativer das Heteroatom ist, desto kleiner wird die Anregungsenergie der d-d-Übergänge.

Die Ergebnisse der Röntgenstrukturanalyse von [Cu([12]aneN_3O)(NO_3)$_2$] und [Cu([12]aneN_3S)(NO_3)$_2$] zeigen, dass die Komplexe eine verzerrt quadratisch pyramidale Koordinationsumgebung aufweisen (Abbildung 17 u. 18).

Hierbei bilden die Heteroatome die Pyramidenbasis und eines der Nitrationen die Spitze der Pyramide. Das Kupferatom befindet sich oberhalb der Ebene, die durch die Heteroatome des Makrozyklus gebildet wird. Die Kristallstrukturen zeigen eine große Ähnlichkeit zu der des [Cu([12]aneN_4)(NO_3)$_2$]-Komplexes, die von Clay *et al.* publiziert wurde.[54] Die Cu-N-Bindungen betragen alle annähernd 2 Å, während die Cu-O- und Cu-S-Bindung deutlich länger sind. Im Falle des Cu([12]aneN_3O) **31** beträgt die Cu-O-Bindung 2.231 Å, die Cu-S-Bindung des Cu([12]aneN_3S) **32** beträgt 2.328 Å.

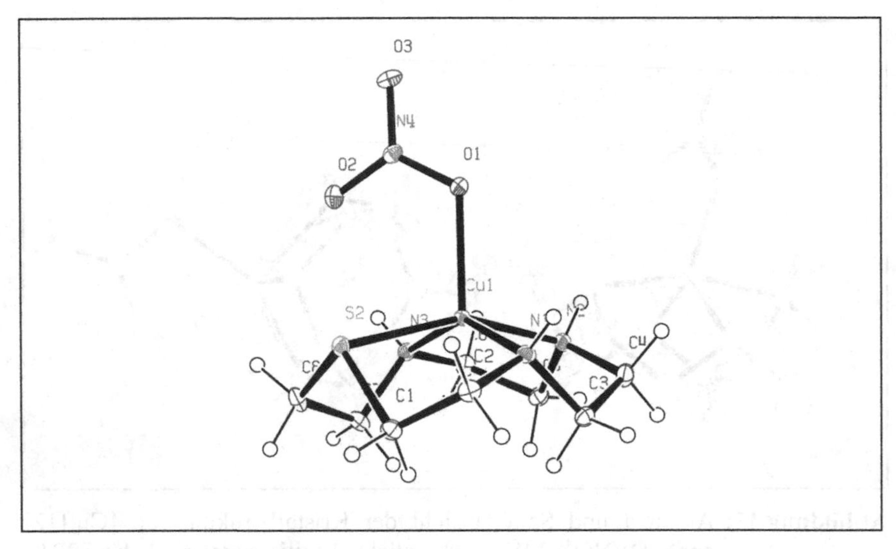

Abbildung 18: Aufsicht und Seitenansicht der Kristallstruktur von [Cu([12]aneN$_3$S)(NO$_3$)$_2$]. Wahrscheinlichkeitsellipsoide sind bei 30 % Wahrscheinlichkeit dargestellt, das Gegenion ist zur besseren Übersicht nicht dargestellt.

Ein weiterer Unterschied besteht in der C-N- bzw. der C-O- oder der C-S-Bindungslänge. Während sich die C-N-Bindung des Cu([12]aneN$_4$) **29** mit 1.453 Å und die C-O-Bindungslänge des Cu([12]aneN$_3$O) **31** mit 1.435 Å nur wenig unterscheiden, ist die C-S-Bindungslänge des Cu([12]aneN$_3$S) **32** mit 1.818 Å wesentlich länger. Ein Vergleich ausgesuchter Bindungsparameter ist in Tabelle 2.1.1 dargestellt.

Die ESI-Massenspektren der vier Kupferkomplexe zeigen charakteristische Reduktionsprozesse, die bereits von Gianelli *et al.* beschrieben wurden.[56] So kommt es in der Gasphase, und nicht etwa in der ESI-Kapillare zu einer lösungsmittelabhängigen Reduktion von Kupfer(II) zu Kupfer(I). Dieser Prozess wird durch einen Elektronentransfer zwischen dem Kupferkomplex und einem Lösungsmittelmolekül in der Gasphase erklärt und wird durch Lösungsmittel mit niedriger Ionisationsenergie (wie Methanol) begünstigt. In Abbildung 19 ist beispielsweise ein Ausschnitt des ESI-Spektrums von [Cu([12]aneN$_4$)(NO$_3$)$_2$] gezeigt. Die Aufspaltung des Signals erklärt sich durch eine Überlagerung der Massenpeaks von [Cu(II)L-H]$^+$ m/z = 234.0895 und [Cu(I)L]$^+$ m/z = 235.0978.

Tabelle 1: Ausgewählte Strukturparameter von $[Cu([12]aneN_4)(NO_3)_2]$[54], $[Cu([12]aneN_3O)(NO_3)_2]$ und $[Cu([12]aneN_3S)(NO_3)_2]$.

Abstand [Å], Winkel [°]	$[Cu([12]aneN_4)(NO_3)_2]$	$[Cu([12]aneN_4)(NO_3)_2]$	$[Cu([12]aneN_4)(NO_3)_2]$
$Cu-N_1$	2.022(5)	2.027(1)	2.042(1)
$Cu-N_2$	2.033(5)	1.984(2)	3.003(1)
$Cu-N_3$	2.019(5)	2.022(1)	2.018(1)
$Cu-N_4,O_1,S_2$	2.001(6)	2.231(1)	2.328(5)
$Cu-O_1, O_2$	2.183(4)	2.031(1)	2.160(1)
C_1-C_2	1.484(11)	1.518(2)	1.523(2)
N_1,O_1,S_2-C_1	1.453(9)	1.435(2)	1.818(2)
N_1-Cu-N_3	151.6(2)	150.40(6)	146.42(5)
N_2-Cu-S_2,O_1	x	110.89(5)	156.44(4)
N_1-Cu-N_2	84.7(2)	86.54(6)	85.82(5)
N_1-Cu-O_1,S_2	x	81.97(5)	87.41(4)
N_1-Cu-O_2,O_1	107.8(2)	99.79(5)	109.24(5)
O_1,S_2-Cu-O_2,O_1	x	96.15(4)	101.60(3)

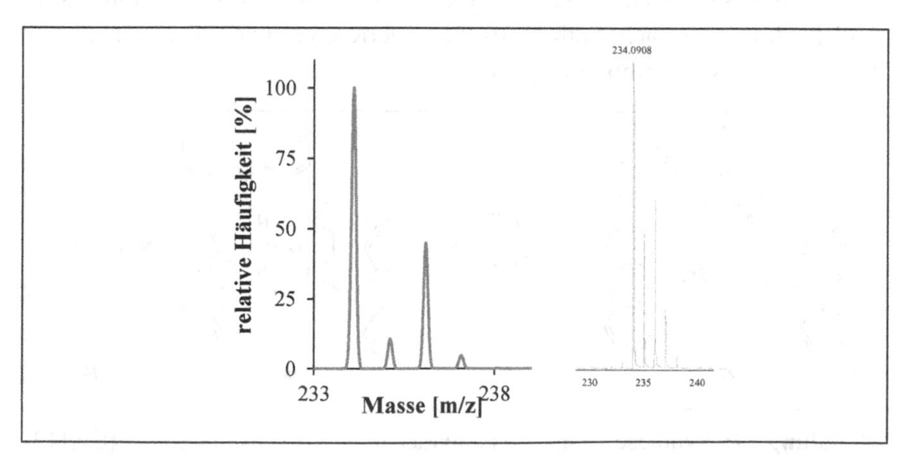

Abbildung 19: Ausschnitt des berechneten ESI-MS-Spektrums von [Cu([12] aneN4)$(NO_3)_2$] (links) und gemessenes ESI-MS-Spektrum für $[Cu(II)L-H]^+$ (rechts).

2.1.7 Symthese der Interkalator-substituierten Kupfer(II)cyclenkomplexe

Um aus den Interkalator-substituierten Cyclenen **20**, **22** und **23** die entsprechenden Kupferkomplexe darzustellen, musste zunächst aus den Hydrochloridsalzen der freie Ligand synthetisiert werden. Hierfür wurde der entsprechende Ligand in Wasser gelöst und der pH-Wert der Lösung durch Zugabe von Natronlauge auf pH 14 eingestellt. Der freie Ligand konnte durch Extraktion erhalten werden.

· n HCl

1. NaOH
2. $Cu(NO_3)_2$
MeOH

Cu^{2+} 2 NO_3^-

20, R = Naphthyl
22, R = Anthracenyl
23, R = Anthrachinonyl

35, R = Anthrachinonyl 20 %
36, R = Naphthyl 63 %
37, R = Anthracenyl 29 %

Abbildung 20: Synthese der Interkalator-substituierten Kupfer(II)-cyclenkomplexe.

Die so erhaltenen Liganden wurden in Methanol gelöst, zu einer Lösung von Kupfernitrat gegeben und zum Rückfluss erhitzt. Hierbei konnte die Komplexbildung erneut durch einen sofortigen Farbwechsel beobachtet werden.

Für den Vergleich zwischen Einfach- und Mehrfachsubstitution wurde schließlich der dreifach Anthracen-substituierte Cyclenkomplex in analoger Weise synthetisiert (Abbildung 21).

$Cu(NO_3)_2$
MeOH

Cu^{2+} 2 NO_3^-

27 **38** 74 %

Abbildung 21: Synthese von Tris(anthracenmethyl)-substituiertem [Cu([12]aneN$_4$)(NO$_3$)$_2$].

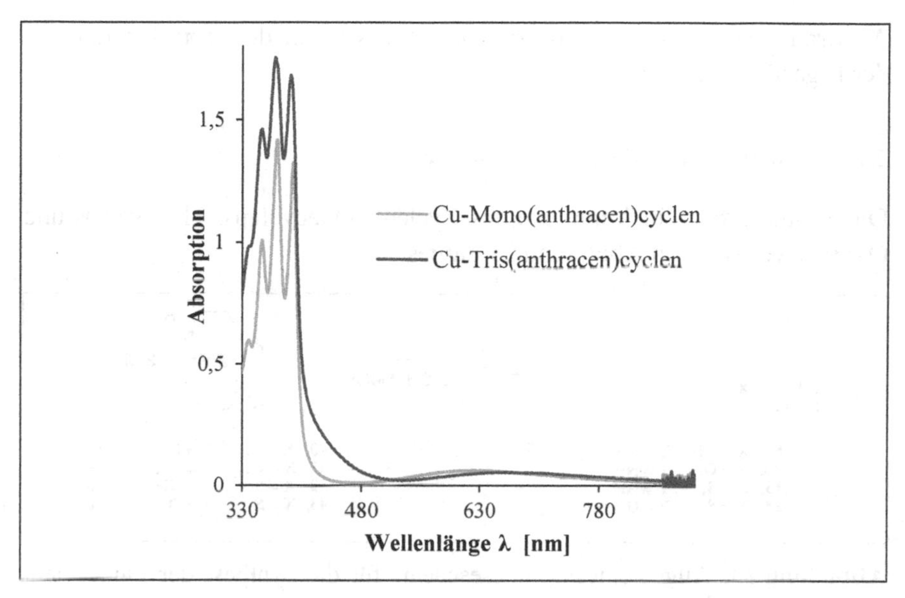

Abbildung 22: Ausschnitt der UV/Vis-Spektren der Kupfer(II)-(anthracenmethyl)cyclenkomplexe. Die Komplexkonzentration beträgt 0.125 mM in DMSO.

Die Kupferkomplexe **35**, **36**, **37** und **38** wurden isoliert und über UV/Vis-Spektroskopie, Massenspektrometrie, Elementaranalyse und IR-Spektroskopie charakterisiert. Die Massenspektren zeigen erneut die oben beschriebenen charakteristischen Reduktionsprozesse.

Während sich die Absorption und der Extinktionskoeffizient vom nicht substituierten [Cu([12]aneN_4)(NO_3)$_2$] (600 nm) zu den mono-Interkalator-substituierten Kupfercylenkomplexen nur wenig ändert (Anthrachinon 618 nm, Naphthalin 610 nm, Anthracen 623 nm), ist die Änderung zum Tris(anthracenmethyl)-substituierten Kupfer(II)cyclenkomplex **38** immens. Die charakteristische Absorptionsbande befindet sich bei 654 nm, und der Extinktionskoeffizient in Höhe von 547 L mol^{-1} cm^{-1} hat sich annähernd verdoppelt. So erscheint der Tris(anthracenmethyl)-substituierte Kupfer(II)-cyclenkomplex **38** nicht mehr blau wie der Kupfer(II)cyclenkomplex **29**, sondern grün.

Ein Vergleich des Mono(anthracenmethyl)-substituierten Kupfer(II)-cyclenkomplexes **37** mit dem Tris(anthracenmethyl)-substituierten Kupfer(II)-cyclenkomplex **38** ist in Abbildung 22 dargestellt. Neben der Absorption für die d-d-Übergänge im Bereich von 600 nm sind außerdem noch

Absorptionen um 350 nm zu erkennen. Sie können den π-π*-Übergängen der Liganden zugeordnet werden.[57]

2.1.8 Synthese der Zinkcyclenkomplexe

Die Synthese der Zinkkomplexe des Cyclens, Oxacyclens, Thiacyclens und Oxathiacyclens ist in Abbildung 23 dargestellt.

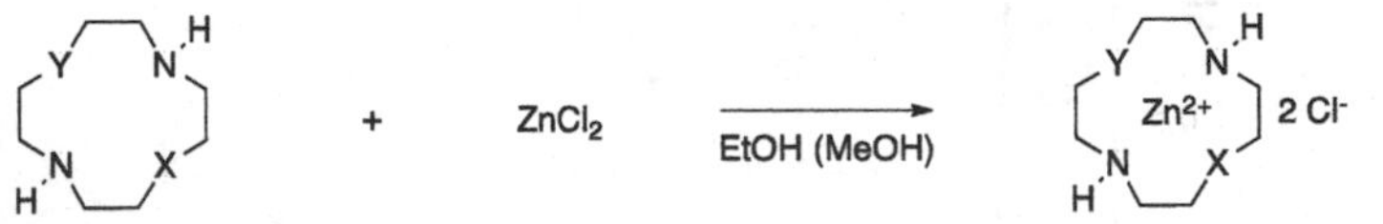

+ $ZnCl_2$ → EtOH (MeOH) → Zn^{2+} 2 Cl^-

8, X = NH, Y = NH
30, X = O, Y = NH
15, X = S, Y = NH
18, X = S, Y = O

39

40, X = NH, Y = NH 64 %
41, X = O, Y = NH 91 %
42, X = S, Y = NH 50 %
43, X = S, Y = O 25 %

Abbildung 23: Allgemeines Syntheseschema für die Synthese der Zinkcyclenkomplexe.

Da es im Falle des Thiacyclens und des Oxathiacyclens nicht gelang, die Komplexe ausgehend von Zinknitrat zu synthetisieren, wurde für die erneute Synthese Zinkchlorid verwendet. Hierbei wurde zu einer Lösung des Liganden in Ethanol eine Lösung von ungefähr 1.3 Äquivalenten Zinkchlorid in Ethanol hinzugegeben und für zwei Stunden gerührt. Im Falle des Oxathiacyclens wurde Methanol als Lösungsmittel verwendet. Hierbei fielen die Komplexe als weißer Feststoff aus. Sie wurden über ^{1}H-NMR- und ^{13}C-NMR- Spektroskopie, Massenspektrometrie und Elementaranalyse charakterisiert.

Die ^{1}H-NMR-, ^{13}C-NMR- und Massenspektren sind in sehr guter Übereinstimmung mit den zu erwartenden Ergebnissen. Die Elementaranalyse deutet jedoch nicht darauf hin, dass ein einkerniger Komplex der Form $[Zn([12]aneN_4)Cl_2]$ entstanden ist, sondern entweder polymere Spezies gebildet wurden oder Zinkchlorid gemeinsam mit den zu erwartenden Komplexen kristallisiert. Unter der Annahme, dass 0.5 Äquivalente Zinkchlorid gemeinsam mit dem jeweiligen Komplex kristallisieren, lassen sich die Ergebnisse der Elementaranalyse gut erklären. Weitere Untersuchungen müssen hierbei klären, ob es sich bei den erhaltenen Komplexen tatsächlich um polymere Spezies handelt.

Box 2: *Supercoiled* Plasmid-DNA als Assay für die Schneidaktivität von Metallkomplexen

Eine Methode, die Schneidaktivität eines Metallkomplexes bezüglich DNA zu untersuchen, ist die Detektion von Plasmid-DNA-Fragmenten durch Agarose Gelelektrophorese.[58] Hierbei wird Plasmid-DNA zunächst mit dem zu untersuchenden Metallkomplex inkubiert und dann auf ein Gel aus Agarose geladen und aufgetrennt. Es wird gemessen, wie schnell die DNA durch das Agarosegel wandert, sobald eine Spannung angelegt wird. Die DNA-Fragmente können schließlich mit Hilfe von Ethidiumbromid sichtbar gemacht werden, welches zwischen die Basenpaare der DNA interkaliert und unter UV-Bestrahlung aufgrund seiner Fluoreszenz sichtbargemacht wird.

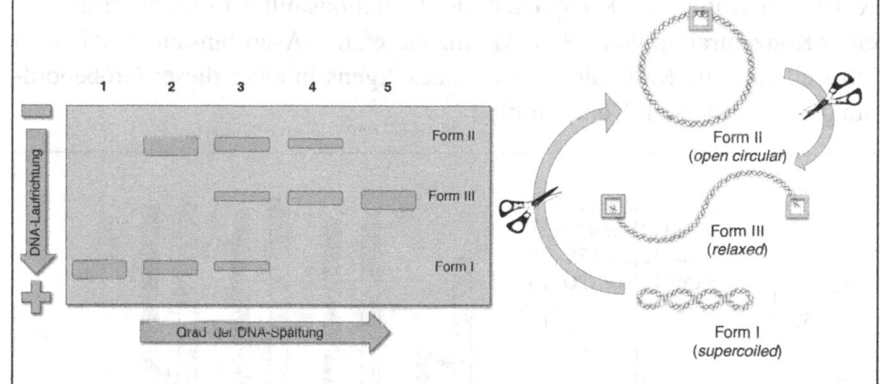

Nicht geschnittene Plasmid-DNA liegt in der *supercoiled* Form I vor. Wird die DNA durch einen Metallkomplex am Phosphatrückgrat gespalten (oxidativ oder hydrolytisch), so nimmt die Plasmid- DNA die *nicked*, *relaxed* oder *open circular* Form II an. Ein weiterer Schnitt in räumlicher Nähe zum ersten Strangbruch führt zum Aufreißen der Watson-Crick-Basenpaarung und die DNA geht in die linearen Form III über (vgl. Abbildung). Die Form I der DNA ist kompakt und durchwandert das Gel am schnellsten. Die lineare Form III durchwandert das Gel aufgrund von stärkeren Wechselwirkungen langsamer, am längsten braucht jedoch die Form II, um das Gel zu durchwandern.

Die Effektivität eines DNA-spaltenden Komplexes kann über die relative Menge der verschiedenen DNA-Formen quantifiziert werden. Je mehr DNA in den Formen II und III vorliegt, desto effektiver schneidet der Komplex die DNA.

2.2 Plasmid-DNA-Spaltung

2.2.1 Plasmid-DNA-Spaltung durch Kupfer(II)cyclenanaloga

Zunächst wurde ein Vergleich zwischen den verschiedenen Kupfer(II)-cyclenanaloga [Cu([12]aneN$_4$)(NO$_3$)$_2$] **29**, [Cu([12]aneN$_3$O)(NO$_3$)$_2$] **31**, [Cu([12]aneN$_3$S)(NO$_3$)$_2$] **32** und [Cu([12]aneN$_2$SO)(NO$_3$)$_2$] **33** durchgeführt. Hierbei wurden die Konzentrationsabhängigkeit, Temperaturabhängigkeit, pH-Abhängigkeit und Zeitabhängigkeit der Plasmid-DNA-Spaltung untersucht. Um annähernd physiologische Bedingungen zu simulieren, wurden die Versuche in Tris-HCl-Puffer mit einem pH-Wert 7.4 durchgeführt. Außerdem wurde den Komplexen als Reduktionsmittel L-Ascorbinsäure in einer Konzentration von 0.32 mM hinzugesetzt. L-Ascorbinsäure spielt auch intrazellulär eine Rolle als reduzierendes Agens in einer dieser Größenordnung entsprechenden Konzentration.[59]

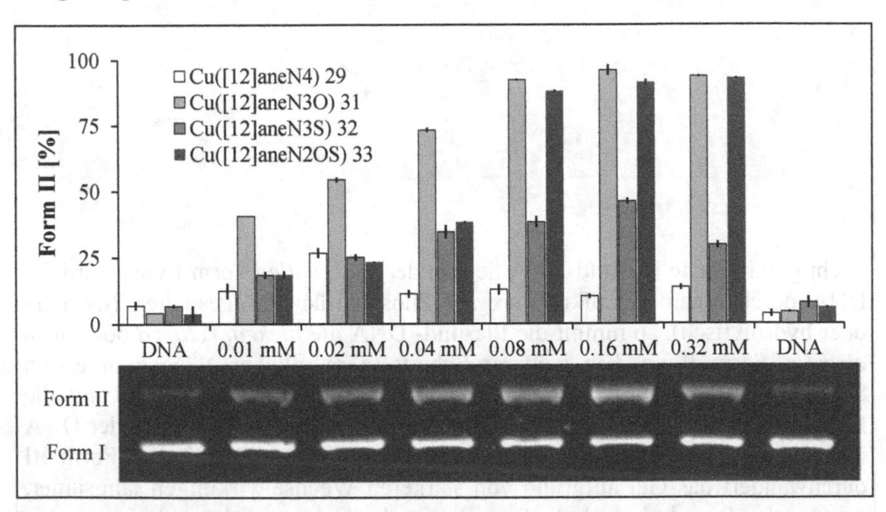

Abbildung 24: Effekt der Konzentrationen auf die Plasmid-DNA-Spaltung der Komplexe **29**, **31**, **32** und **33** in Tris-HCl-Puffer (100 mM, pH 7.4) und Ascorbat (0.32 mM) bei 37 °C für 2 h (oben). Beispielhaft ist das Agarosegel für die konzentrationsabhängige Spaltung durch den Komplexes **32** dargestellt (unten). Dargestellt ist der Mittelwert aus zwei Messungen, die Standardabweichung ist als Fehlerbalken angegeben.

Abbildung 24 zeigt die Konzentrationsabhängigkeit der Plasmid-DNA-Spaltung durch die Komplexe **29**, **31**, **32** und **33**.

Für die Komplexe **31** und **33** ergibt sich eine annähernd lineare Abhängigkeit zwischen Konzentration und Spaltaktivität. Die optimale Konzentration der Komplexe ist bei 0.08 mM erreicht. Hier wird eine annähernd vollständige Spaltung beobachtet. Im Gegensatz dazu lässt sich erkennen, dass die Komplexe **29** und **32** keine lineare Beziehung zwischen Konzentration und DNA-Spaltaktivität zeigen. Für $[Cu([12]aneN_4)(NO_3)_2]$ **29** ergibt sich ein Maximum bei 0.02 mM, nach dem die Spaltaktivität wieder fällt und auf konstantem Niveau bei circa 10 Prozent DNA-Spaltung verbleibt. Für den $[Cu([12]aneN_3S)(NO_3)_2]$-Komplex **32** zeigt sich ein Maximum bei einer Konzentration von 0.16 mM. Grund für diese Beobachtung könnte das Ausbilden von unreaktiven Bis-(μ-Hydroxo)-verbrückten Dimeren sein, die mit steigender Konzentration entstehen. Ein solches Verhalten wurde bereits für Kupfer(II)triazacyclononan-Komplexe durch Deck *et al.* beschrieben.[60]

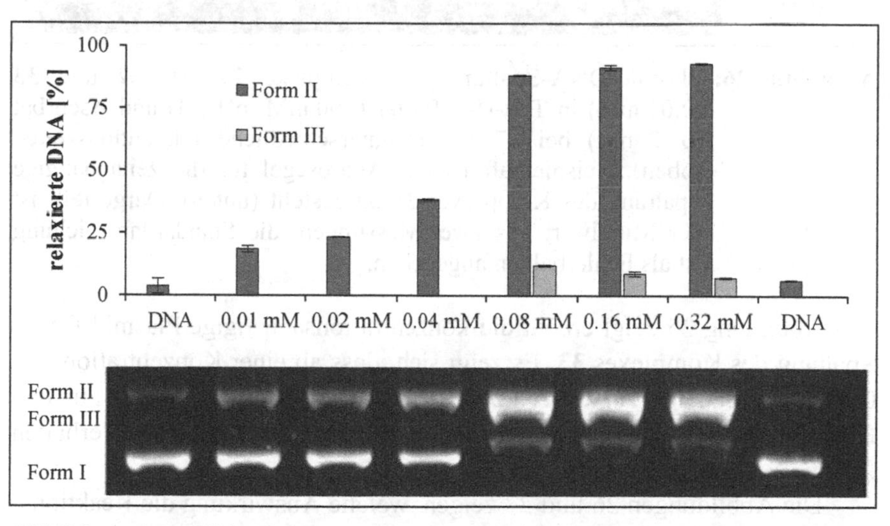

Abbildung 25: Effekt der Konzentrationen auf die Plasmid-DNA-Spaltung des Komplexes **33** in Tris-HCl-Puffer (100 mM, pH 7.4) und Ascorbat (0.32 mM) bei 37 °C für 2 h. Dargestellt ist der Mittelwert aus zwei Messungen, die Standardabweichung ist als Fehlerbalken angegeben.

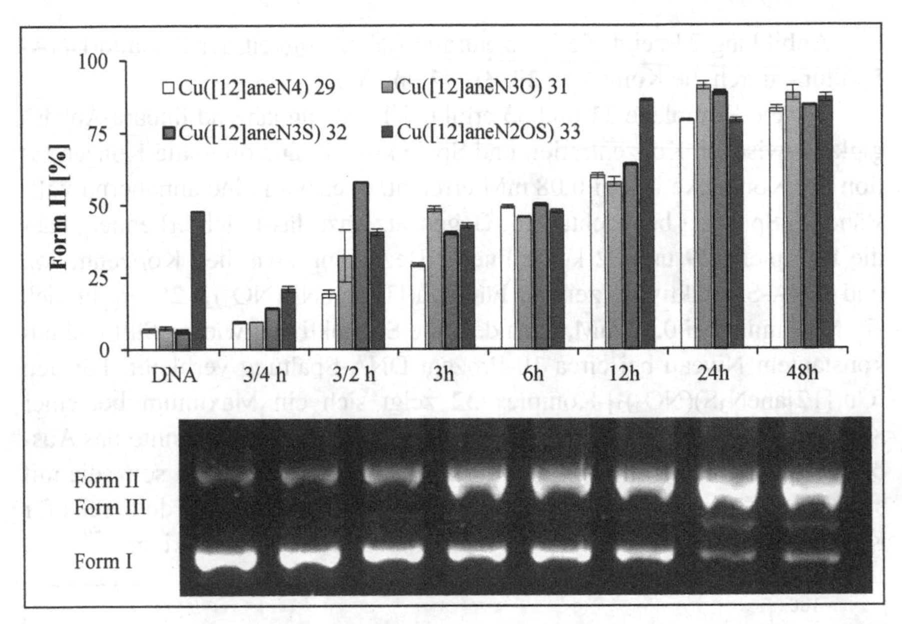

Abbildung 26: Plasmid-DNA-Spaltung der Komplexe **29**, **31**, **32** und **33** (0.01 mM) in Tris-HCl-Puffer (100 mM, pH 7.4) und Ascorbat (0.32 mM) bei 37 °C für unterschiedliche Inkubationszeiten (oben). Beispielhaft ist das Agarosegel für die zeitabhängige Spaltung des Komplexes **31** dargestellt (unten). Dargestellt ist der Mittelwert aus zwei Messungen, die Standardabweichung ist als Fehlerbalken angegeben.

Abbildung 25 zeigt erneut die konzentrationsabhängige Plasmid DNA-Spaltung des Komplexes **33**. Es zeigt sich, dass ab einer Konzentration von 0.08 mM zusätzlich zur DNA-Form II auch die Form III auftritt. Für den Komplex **31** [Cu([12]aneN$_3$O)(NO$_3$)$_2$] lässt sich ein ähnliches Verhalten finden.

Die Abbildungen 26 und 27 zeigen, welche Auswirkung die Reaktionszeit auf die Plasmid-DNA-Spaltung hat. Im Falle des [Cu([12]aneN$_2$OS)(NO$_3$)$_2$] **33** zeigt sich bei einer Konzentration von 0.01 mM nach zwölfstündiger Inkubationszeit bereits eine vollständige Spaltung in die Form II der Plasmid-DNA. Mit den übrigen Komplexen wird eine vollständige Spaltung erst nach längerer Inkubation erreicht. In Abbildung 27 ist am Beispiel des [Cu([12]aneN$_4$)(NO$_3$)$_2$]-Komplexes **29** die Spaltung in die Plasmid-Form III dargestellt. Diese tritt zuerst nach vierundzwanzigstündiger Inkubation auf.

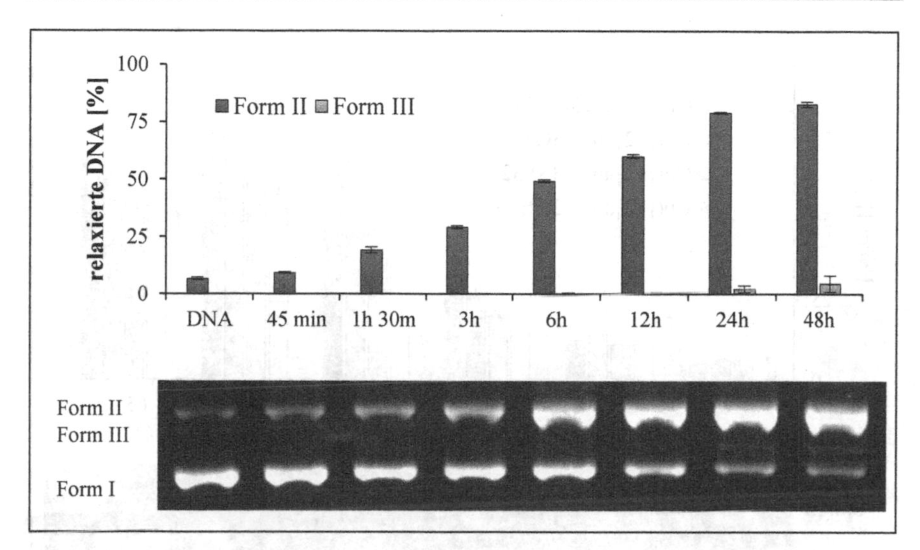

Abbildung 27: Plasmid-DNA-Spaltung des Komplexes **29** (0.01 mM) in Tris-HCl-Puffer (100 mM, pH 7.4) und Ascorbat (0.32 mM) bei 37 °C für unterschiedliche Inkubationszeiten. Dargestellt ist der Mittelwert aus zwei Messungen, die Standardabweichung ist als Fehlerbalken angegeben.

Auch die Temperaturabhängigkeit der Spaltung wurde untersucht. Abbildung 28 lässt erkennen, dass sich ein annähernd linearer Zusammenhang zwischen Temperatur und Spaltaktivität der 0.01 mM Komplexe ergibt. Im unteren Teil der Abbildung ist beispielhaft das Gel für die Spaltung des $[Cu([12]aneN_2SO)(NO_3)_2]$-Komplexes **33** dargestellt. Hier lässt sich erkennen, dass ab 55 °C zusätzlich die Plasmid-Form III entsteht und ab 65 °C sogar eine vierte Plasmidform gebildet wird. Diese entspricht wahrscheinlich einer Spaltung des Plasmids in zwei gleich große Bruchstücke (in Abb. 28 umkreist).

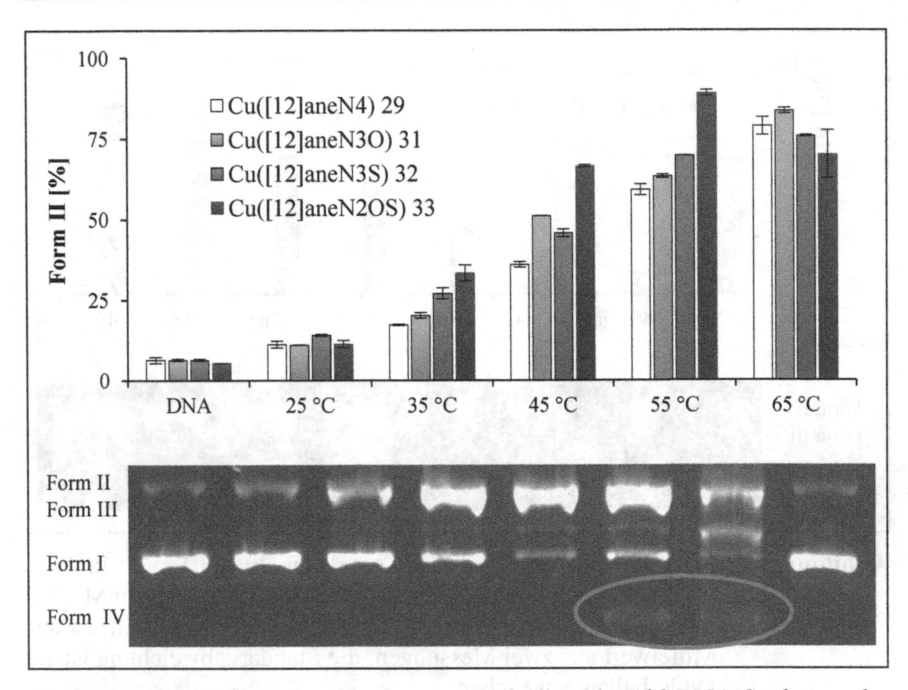

Abbildung 28: Effekt der Temperatur auf die Plasmid-DNA-Spaltung der Komplexe **29**, **31**, **32** und **33** (0.01 mM) in Tris-HCl-Puffer (100 mM, pH 7.4) und Ascorbat (0.32 mM) für 2 h (oben). Beispielhaft ist das Agarosegel für die zeitabhängige Spaltung des Komplexes **33** dargestellt (unten). Dargestellt ist der Mittelwert aus zwei Messungen, die Standardabweichung ist als Fehlerbalken angegeben.

Um der These der Bildung von Bis-(μ-Hydroxo)-verbrückten Dimeren weiter nachzugehen, wurde eine pH-Wert-abhängige Untersuchung der Plasmid-DNA-Spaltung unternommen. Hierfür wurden die Komplexe bei den pH-Werten 7, 8 und 9 mit der Plasmid-DNA inkubiert. Die Ergebnisse dieser Untersuchung sind in Abbildung 29 dargestellt.

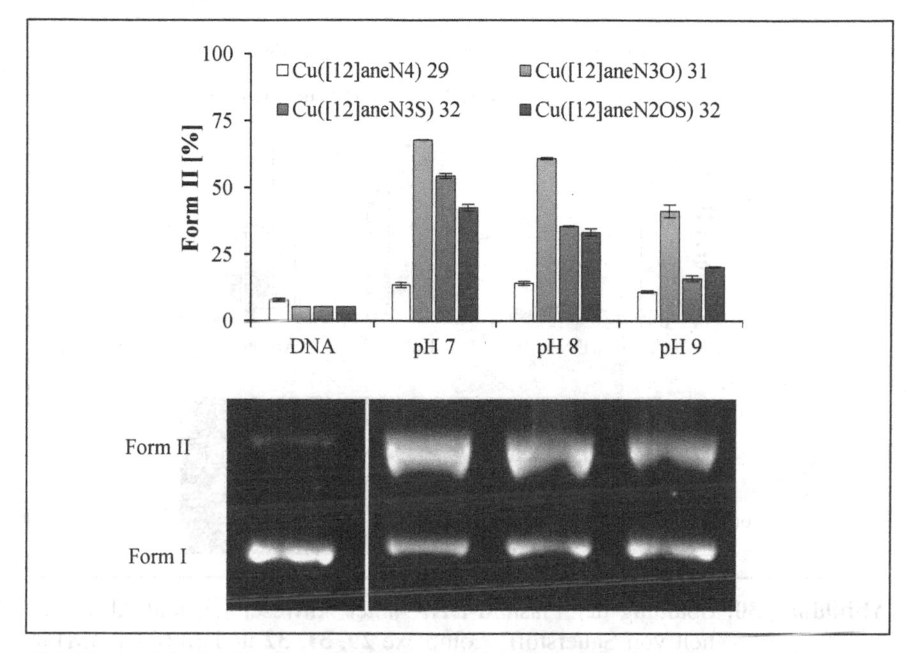

Abbildung 29: Effekt des pH-Werts auf die Plasmid-DNA-Spaltung der Komplexe **29**, **31**, **32** und **33** (0.04 mM) in Tris-HCl-Puffer (100 mM, pH 7, pH 8 und pH 9) und Ascorbat (0.32 mM) bei 37 °C für 2 h (oben). Beispielhaft ist das Agarosegel für die pH-Wert-abhängige Spaltung des Komplexes **31** dargestellt (unten). Dargestellt ist der Mittelwert aus zwei Messungen, die Standardabweichung ist als Fehlerbalken angegeben.

Mit steigendem pH-Wert nimmt die DNA-Spaltaktivität der Komplexe **29**, **31**, **32** und **33** ab. Dieses Ergebnis ist ein Indiz für die Bildung von Bis-(μ-Hydroxo)-verbrückten Dimeren, da mit steigendem pH-Wert deren Bildung begünstigt wird.

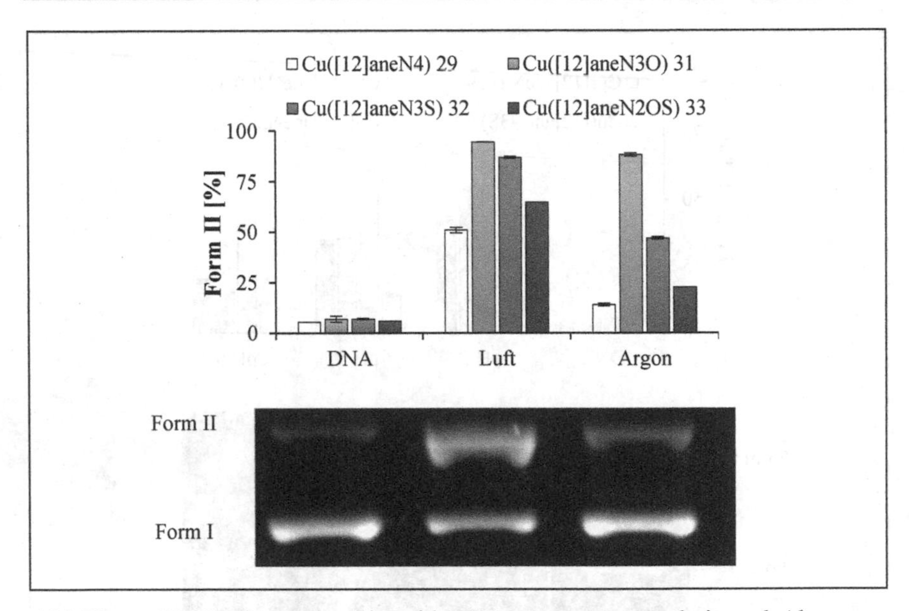

Abbildung 30: Spaltung der Plasmid-DNA unter Anwesenheit und Abwesenheit von Sauerstoff. Komplexe **29**, **31**, **32** und **33** (0.04 mM) in Tris-HCl-Puffer (100 mM, pH 7.4) und Ascorbat (0.32 mM) bei 37 °C für 2 h (oben). Beispielhaft ist das Agarosegel für die Spaltung des Komplexes **29** dargestellt (unten). Dargestellt ist der Mittelwert aus zwei Messungen, die Standardabweichung ist als Fehlerbalken angegeben.

Um aufzuklären, ob es sich bei dem Mechanismus der DNA-Spaltung durch die Komplexe **29**, **31**, **32** und **33** wie angenommen um oxidative Spaltung handelt, wurden Versuche unter Argonatmosphäre (Abbildung 30) und unter Zusatz von Radikalfängern (Abbildung 31) beispielhaft für Verbindung **32** durchgeführt.

Es zeigt sich, dass die Spaltung der Plasmid-DNA unter Argonatmosphäre unterdrückt wird. So wird die Spaltung zum Beispiel im Falle des [Cu([12]aneN_3O)(NO_3)$_2$] **29** um etwa die Hälfte reduziert. Hieraus kann geschlossen werden, dass Sauerstoff für die Spaltung benötigt wird. Restspaltung kann hierbei darauf zurückgeführt werden, dass mit der hier verwendeten *glove-bag* nicht ganz sauerstofffrei gearbeitet werden konnte.

Genaueren Aufschluss über die an der Spaltung beteiligten Sauerstoffspezies liefern die Ergebnisse der Versuche unter Zusatz von Radikal-

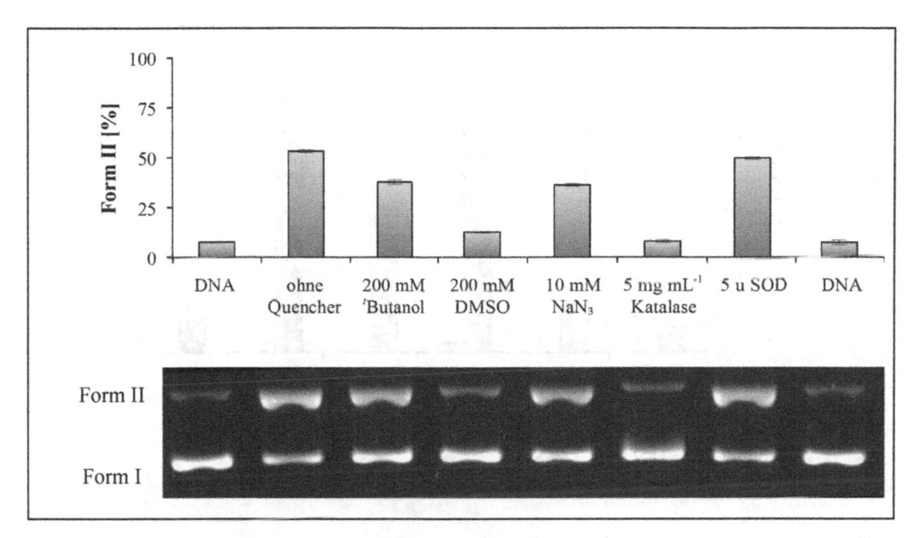

Abbildung 31: Spaltung der Plasmid-DNA durch den Komplex **32** (0.04 mM) unter Anwesenheit von Radikalquenchern bei 37 °C für 2 h. Dargestellt ist der Mittelwert aus zwei Messungen, die Standardabweichung ist als Fehlerbalken angegeben.

fängern. *tert*-Butanol und DMSO zeigen hierbei an, ob an der Spaltung Hydroxylradikale ·OH beteiligt sind.[61] Die Anwesenheit von Singulettsauerstoff $^1O_2$ kann durch Verwendung von Natriumazid geklärt werden.[62] Katalase zeigt wiederum die Anwesenheit von Peroxospezies und die Superoxiddismutase SOD Superoxidradikale O_2^- an.[62,63]

Es zeigt sich, dass die Spaltung der Plasmid-DNA durch die Komplexe **29**, **31**, **32** und **33** unter Zusatz von DMSO und Katalase stark unterdrückt wird. Hieraus kann gefolgert werden, dass es sich bei der Spaltung von Plasmid-DNA durch die Kupfer(II)cyclenanaloga **29**, **31**, **32** und **33** um einen oxidativen Spaltmechnismus unter Beteiligung von Hydroxylradikalen und Peroxidspezies handelt. Auch *tert*-Butanol und NaN_3 zeigen einen Quencheffekt, welcher jedoch nicht so stark ausgeprägt ist. *tert*-Butanol ist demnach ein schlechterer Hydroxylradikalfänger als DMSO. Außerdem scheint in geringerem Maße auch Singulettsauerstoff an der DNA-Spaltung beteiligt zu sein.

Um abschließend zu klären, bei welchem der Komplexe **29**, **31**, **32** und **33** es sich um den effektivsten DNA-Spalter handelt, wurden sie unter gleichen Bedingungen getestet. Die Ergebnisse sind in Abbildung 32 dargestellt.

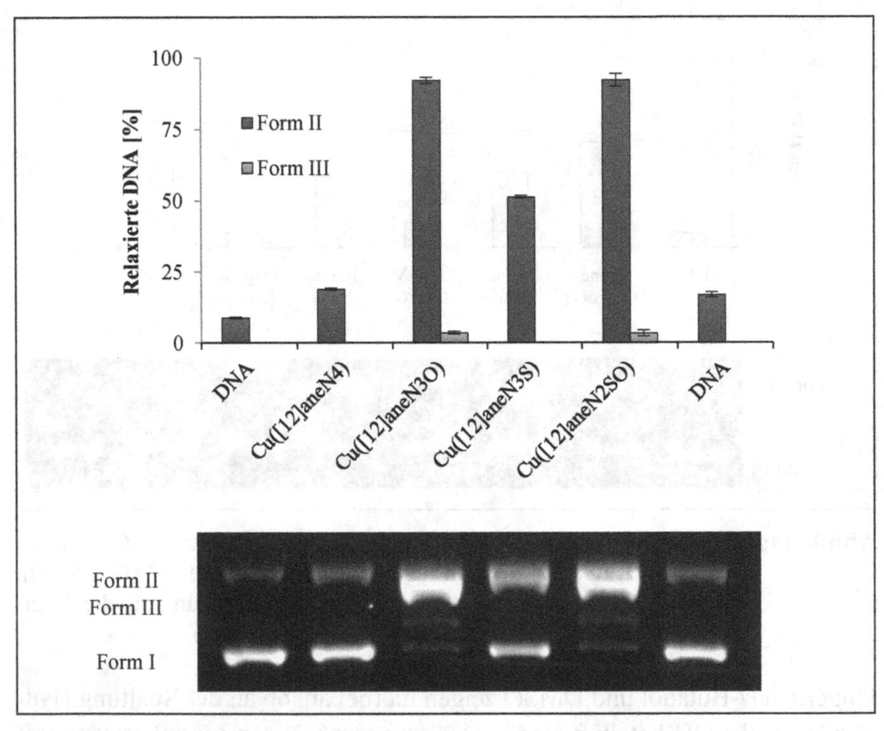

Abbildung 32: Plasmid-DNA-Spaltaktivität der Komplexe **29**, **31**, **32** und **33** (0.04 mM) in Tris-HCl-Puffer (100 mM, pH 7.4) und Ascorbat (0.32 mM) bei 37 °C für 2 h. Dargestellt ist der Mittelwert aus zwei Messungen, die Standardabweichung ist als Fehlerbalken angegeben.

Cu([12]aneN_3O) **31** und Cu([12]aneN_2SO) **33** sind die effektivsten DNA-Spalter: sie spalten die DNA in einer Konzentration von 0.04 mM bei einer Inkubationszeit von zwei Stunden unter annähernd physiologischen Bedingungen vollständig in die Form II. Darüber hinaus wird die Form III gebildet. Cu([12]aneN_3S) **32** ist nur etwa halb so effektiv, während Cu([12] aneN_4) **29** die Plasmid-DNA unter den gleichen Reaktionsbedingungen nicht einmal zu einem Viertel spaltet.

Es zeigt sich also, dass durch den Austausch nur eines Stickstoffatoms des Cyclenliganden gegen ein Sauerstoffatom die DNA-Spaltaktivität des Komplexes vervierfacht werden kann. Möglicherweise erleichtert das HSAB-harte Sauerstoffatom die Oxidation des HSAB-weichen Kupfer(I) zum HSAB-harten Kupfer(II). Dieses stünde dann schneller für einen weiteren Zyklus der oxidativen DNA-Schädigung zur Verfügung. Um diese These zu stützen, müssten weitere elektrochemische Messungen durchgeführt werden, um so Aufschluss über das Redoxverhalten der Komplexe zu erhalten.

2.2.2 Plasmid-DNA-Spaltung der Interkalator-substituierten Komplexe

Von den Interkalator-substituierten Kupfer(II)cyclenkomplexen **35**, **36**, **37** und **38** wurden zunächst konzentrationsabhängige Untersuchungen durchgeführt. Für das Anthrachinon-substituierte Kupfer(II)cyclenderivat ergab sich hierbei eine annähernd lineare Korrelation zwischen Konzentration und Plasmid-DNA-Spaltaktivität (Abbildung 33). Der 0.32 mM konzentrierte Komplex **35** kann die Plasmid-DNA bei zweistündiger Inkubation unter annähernd physiologischen Bedingungen zu etwa 30 % in Form II überführen.

Das Naphthalin-substituierte Kupfer(II)cyclen **36** zeigt analog zum Cyclen selbst keine lineare Abhängigkeit (Abbildung 34). Bei einer Konzentration von 0.04 mM ergibt sich ein Maximum in der Schneidaktivität. Die DNA wird bei dieser Konzentration zu etwa 70 Prozent in die *nicked* Form

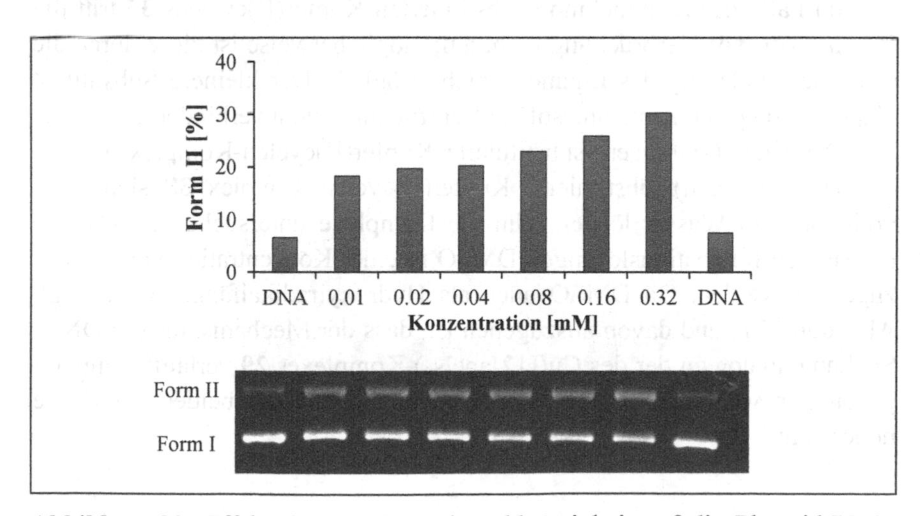

Abbildung 33: Effekt der Konzentrationsabhängigkeit auf die Plasmid-DNA-Spaltung des Komplexes **35** in Tris-HCl-Puffer (100 mM, pH 7.4) und Ascorbat (0.32 mM) bei 37 °C für 2 h.

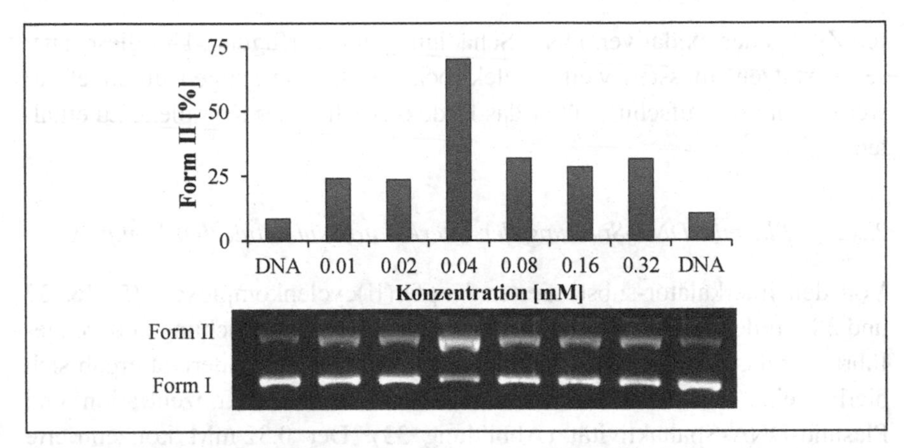

Abbildung 34: Effekt der Konzentrationsabhängigkeit auf die Plasmid-DNA-Spaltung des Komplexes **36** in Tris-HCl-Puffer (100 mM, pH 7.4) und Ascorbat (0.32 mM) bei 37 °C für 2 h.

II überführt. Nachdem das Maximum durchlaufen wurde, verbleibt die Schneidaktiviät bei ungefähr 30 Prozent. Möglicherweise sind Bis-(μ-Hydroxo)-verbrückten Dimere erneut ein Grund für diese Beobachtung.

Im Falle des Anthrachinon-substituierten Kupfer(II)cyclens **35** tritt die Bis-(μ-Hydroxo)-Verbrückung nicht auf; möglicherweise ist diese durch die sterische Hinderung des Liganden nicht möglich. Der kleinere Substituent Naphtalin dagegen kann eine solche Verbrückung nicht verhindern.

Der Mono(anthracen)-substituierte Kupfer(II)cyclen-Komplex **37** und der Tris(anthracen)-substituierte Kupfer(II)cyclen-Komplex **38** sind nicht vollständig in Wasser löslich. Um die Komplexe untersuchen zu können, musste den Inkubationslösungen DMSO in einer Konzentration von 90 mM zugesetzt werden. Da DMSO auch als Hydroxylradikalfänger wirkt (vgl. Abbildung 31) und davon auszugehen ist, dass der Mechanismus der DNA-Spaltung analog zu der des Cu([12]aneN_4)-Komplexes **29** verläuft, kann angenommen werden, dass die reale Schneideaktivität der beiden Komplexe höher liegt.

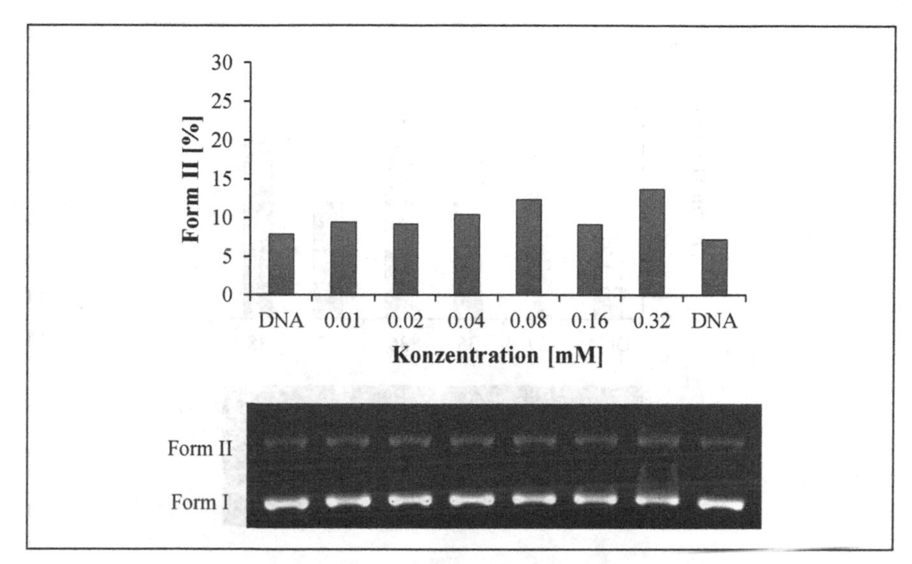

Abbildung 35: Effekt der Konzentrationsabhängigkeit auf die Plasmid-DNA-Spaltung des Komplexes **37** in Tris-HCl-Puffer (100 mM, pH 7.4), DMSO (90 mM) und Ascorbat (0.32 mM) bei 37 °C für 2 h.

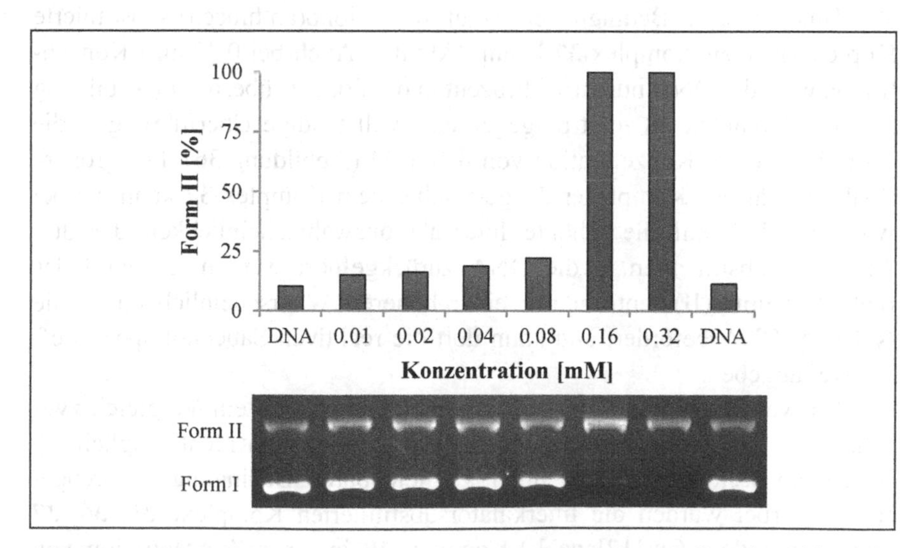

Abbildung 36: Effekt der Konzentrationsabhängigkeit auf die Plasmid-DNA-Spaltung des Komplexes **38** in Tris-HCl-Puffer (100 mM, pH 7.4), DMSO (90 mM) und Ascorbat (0.32 mM) bei 37 °C für 2 h.

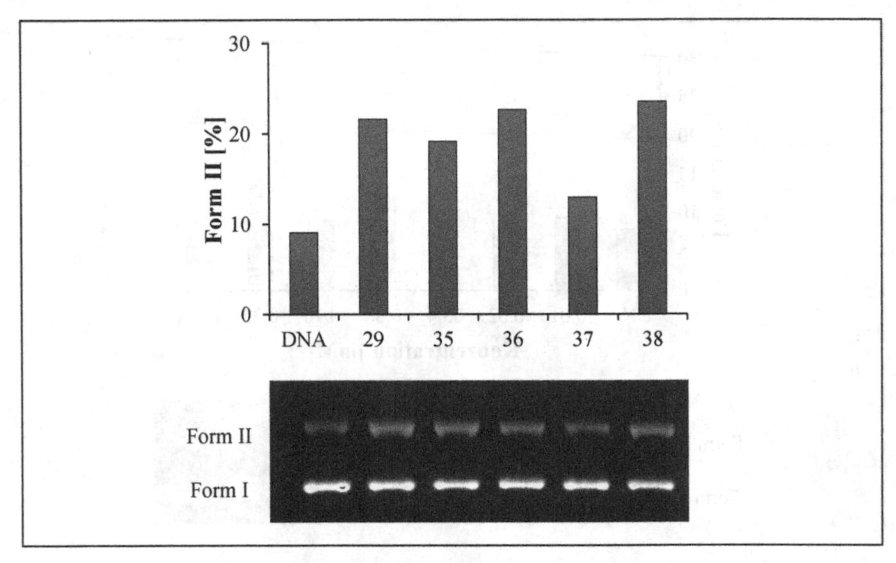

Abbildung 37: Plasmid-DNA-Spaltaktivität der Komplexe **29**, **35**, **36**, **37** und **38** (0.04 mM) in Tris-HCl-Puffer (100 mM, pH 7.4), DMSO (11.24 mM) und Ascorbat (0.32 mM) bei 37 °C für 2 h.

Unter diesen Bedingungen zeigt der Mono(anthracen)-substituierte Kupfer(II)cyclen-Komplex **37** kaum Aktivität. Auch bei 0.32 mM Konzentration wird die DNA nur zu 15 Prozent in die Form II überführt (Abbildung 35). Der Komplex **38** zeigt hingegen eine vollständige Überführung in die Form II ab einer Konzentration von 0.16 mM (Abbildung 36). Die größere Spaltaktivität des Komplexes **38** gegenüber dem Komplex **37** kann hierbei wahrscheinlich auf die erhöhte Interkalationswahrscheinlichkeit der drei Anthracensubstituenten in die DNA zurückgeführt werden. So wird das reaktive Kupfer(II)-zentrum mit einer höheren Wahrscheinlichkeit in die Nähe der DNA befördert und kann dort die reaktiven Sauerstoffspezies effektiver abgeben.

Da wegen der unterschiedlichen Spaltbedingungen ein Vergleich zwischen den konzentrationsabhängigen Spaltexperimenten nicht möglich ist, wurde ein weiterer Versuch unter vergleichbaren Bedingungen durchgeführt. Hierbei wurden die Interkalatorsubstituierten Komplexe **35**, **36**, **37** und **38** mit dem Cu([12]aneN_4)-Komplex **29** in einer Konzentration von 0.04 mM miteinander verglichen. Es zeigt sich, dass die Spaltaktivität der Komplexe **29**, **35** und **36** annähernd gleich groß ist. Der Mono(anthracen)-substituierte Komplex **37** ist hingegen ein schlechterer Plasmid-DNA-

Spalter. Der Tris(anthracen)-substituierte Komplex **38** erweist sich als geringfügig besserer Plasmid-DNA-Spalter.

Um eine endgültige Aussage darüber treffen zu können, ob mehrfache Interkalatorsubstitution einen Einfluss auf die DNA-Spaltaktivität hat, sollte bei erneuten Experimenten ein wasserlösliches Interkalator-substituiertes Cyclenderivat verwendet werden. So könnte man zum Beispiel Tris(anthrachinon)- mit dem Bis(anthrachinon)- und dem Mono-(anthrachinon)-Kupfer(II)cyclen Komplex vergleichen. Die Carbonylgruppen des Anthrachinonliganden sollten hierbei die Wasserlöslichkeit gewährleisten.

2.2.3 Plasmid-DNA-Spaltung durch Bestrahlung

Arbeiten durch Koch und Toshima haben gezeigt, dass Anthrachinonderivate Plasmid-DNA und Proteine auf photochemischem Weg spalten können. Hierfür werden keinerlei Zusätze, wie etwa Ascorbat als Reduktionsmittel, benötigt.[64,65] Um zu untersuchen, ob auch der Anthrachinon-substituierte Kupfer(II)cyclen-Komplex **35** photochemische Aktivität zeigt, wurden Experimente zur DNA-Spaltung unter Bestrahlung mit UV-Licht durchgeführt und anschließend über Agarose-Gelelektrophorese ausgewertet.

Zunächst wurde untersucht, welche Konzentration des Komplexes **35** für eine effektive Plasmid-DNA-Spaltung benötigt wird. Schon bei einer Konzentration von 2.5 µM wird die DNA bei einstündiger Bestrahlung zur Hälfte in die Form II gespalten. Eine Konzentration von 5 µM bewirkt eine annähernd vollständige Spaltung und das Auftreten von Plasmid-DNA in Form III. Verglichen mit der Fähigkeit des Komplexes **35** zur oxidativen Spaltung unter Zusatz von Ascorbat bedeutet dies, dass eine 64 mal geringere Konzentration des Komplexes benötigt wird, um die DNA vollständig zu spalten. Selbst in der hohen Konzentration tritt bei der oxidativen Spaltung nur zu 30 Prozent die *nicked* Form II der Plasmid-DNA auf.

Die hohe Spalteffektivität des Komplexes **35** unter Bestrahlung zeigt sich auch in einer zeitlichen Untersuchung (Abbildung 39) der DNA-Spaltung. Unter 0.02 mM Konzentration werden bereits nach fünfminütiger Bestrahlung mit UV-Licht 80 Prozent der DNA in Form II gespalten. Die vollständige Spaltung in DNA der Form II tritt nach Bestrahlung über 15 Minuten auf. Nach zweistündiger Bestrahlung wurde bereits die Hälfte der

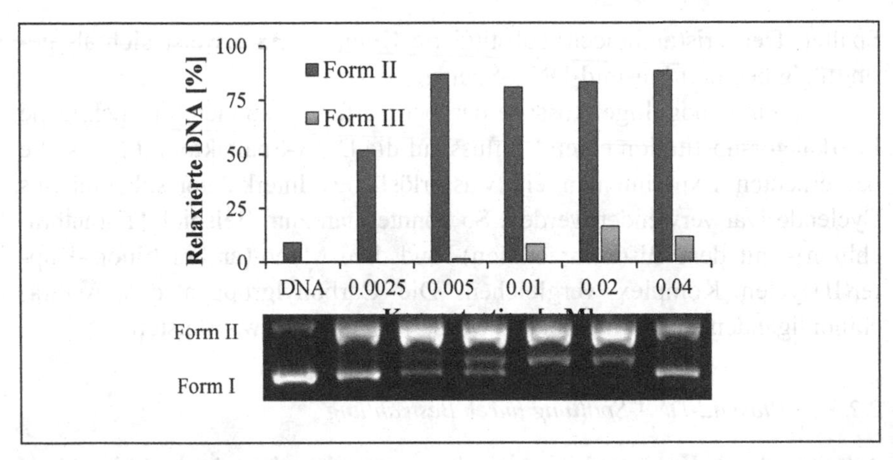

Abbildung 38: Plasmid-DNA-Spaltaktivität des Komplexes **35** in Tris-HCl-Puffer (100 mM, pH 7.4) bei 27 °C für 1 h und Bestrahlung (254 nm, 8 W).

Form II-DNA in die lineare Form III überführt. Eine Stunde später tritt die lineare Form schon zu 80 Prozent auf. Eine solch hohe Aktivität zeigt kein anderer der oben untersuchten Komplexe. Interessanterweise trat dieser Effekt auf, obwohl die Bestrahlung bei einer durchgeführt wurde.

Um genaueren Aufschluss über den Spaltmechanismus zu erhalten, wurden erneut Versuche unter Anwesenheit von Radikalfängern durchgeführt (Abbildung 40). Es zeigt sich, dass die Spaltung unter Anwesenheit von DMSO, Natriumazid und Katalase von 80 Prozent auf etwa 60 Prozent verringert wird. Dieses Ergebnis legt nahe, dass Hydroxylradikale $\cdot OH$, sowie Singulettsauerstoff $^1O_2$ und Peroxospezies an der Plasmid-DNA-Spaltung beteiligt sind. Die Spaltung wird hierbei nicht durch die Redoxchemie des Kupferatoms, sondern vielmehr durch die Anregung des Liganden ermöglicht. Hiebei ist nicht genau bekannt, über welchen Mechanismus die DNA-Spaltung verläuft. Koch *et al.* schlagen drei mögliche Mechanismen vor. So könnte die Spaltung über Wasserstoffabstraktion von der Zuckerfunktion der DNA (vgl. auch 1.3), über einen Elektronentransfer auf die DNA-Basen oder über die Bildung von Singulettsauerstoff erfolgen.[64]

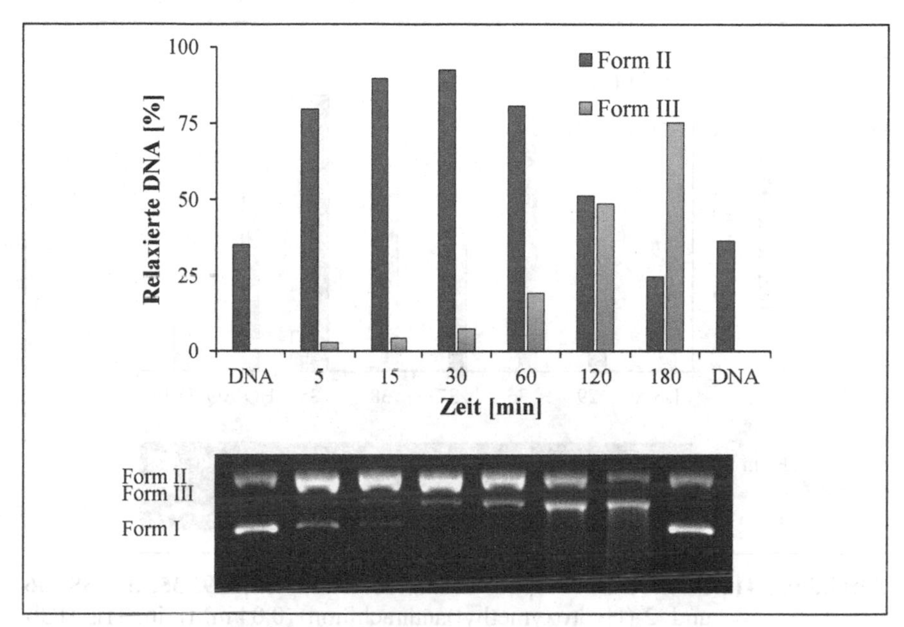

Abbildung 39: Plasmid-DNA-Spaltaktivität des Komplexes **35** (0.02 mM) in Tris-HCl-Puffer (100 mM, pH 7.4) bei 27 °C und Bestrahlung (254 nm, 8 W). Die Plasmid-DNA zum Vergleich wurde für 180 Minuten bestrahlt.

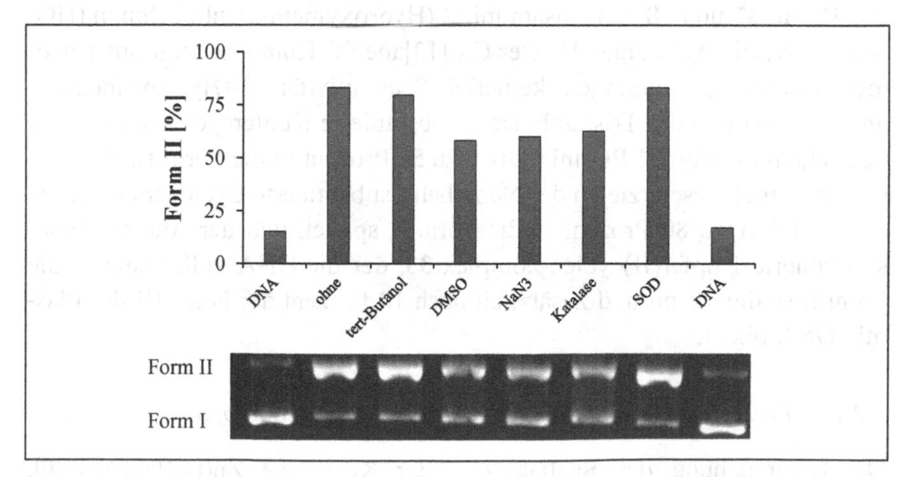

Abbildung 40: Plasmid-DNA-Spaltaktivität des Komplexes **35** (0.16 mM) in Tris-HCl Puffer (100 mM, pH 7.4) für 30 Minuten bei 27 °C und Bestrahlung (254 nm, 8 W).

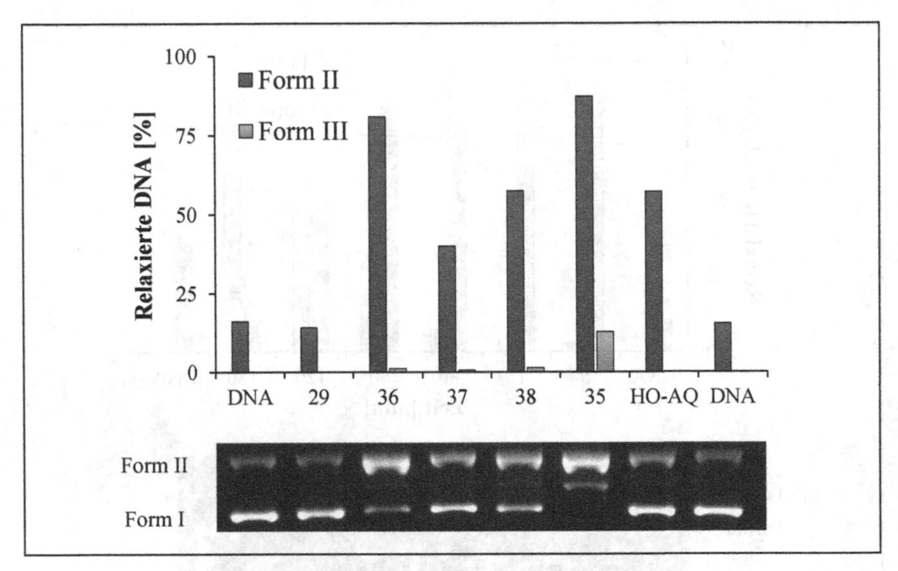

Abbildung 41: Plasmid-DNA-Spaltaktivität der Komplexe **29**, **35**, **37**, **38**, **36** und 2-(Hydroxymethyl)anthrachinon (0.04 mM) in Tris-HCl-Puffer (100 mM, pH 7.4) und DMSO (11.24 mM) für 1 h bei 27 °C und Bestrahlung (254 nm, 8 W).

Einen Vergleich über die Plasmid-DNA-Spaltaktivität der Komplexe **29**, **35**, **36**, **37** und **38** gemeinsam mit 2-(Hydroxymethyl)anthrachinon (HO-AQ) liefert die Abbildung 41. Der Cu([12]aneN_4)-Komplex zeigt unter photochemischen Bedingungen keinerlei Spaltaktivität. 2-(Hydroxymethyl)-anthrachinon und der Tris(anthracen)-substituierte Kupfercyclenkomplex **38** überführen die Form I Plasmid-DNA zu 50 Prozent in die Form II. Die besten Spaltergebnisse erzielen der Naphthalin-substituierte Cyclenkomplex **36**, der die DNA zu 80 Prozent in die Form II spaltet, und der Anthrachinon-substituierte Kupfer(II)cyclen-komplex **35**, der die DNA vollständig in die Form II spalten kann und zusätzlich noch 10 Prozent der Form III der Plasmid-DNA bildet.

2.2.4 Plasmid-DNA-Spaltung durch Zink(II)cyclenanaloga

Die Untersuchung der Spaltaktivität der Komplexe Zn([12]aneN_4) **40**, Zn([12]aneN_3O) **41**, Zn([12]aneN_3S) **42** und Zn([12]aneN_2SO) **43** bezogen auf Plasmid-DNA zeigt, dass diese Verbindungen keinerlei Spaltaktivität

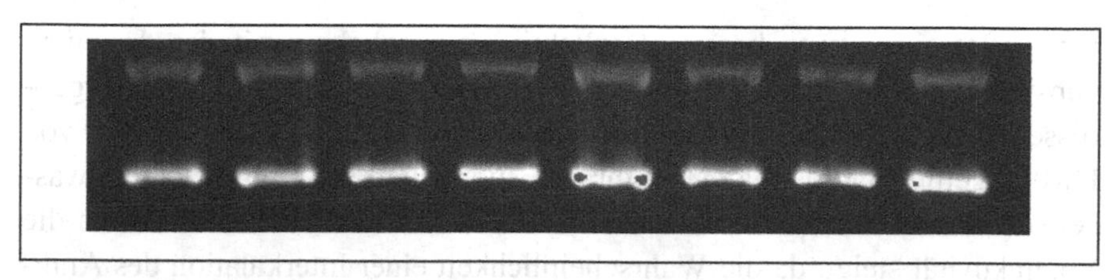

Abbildung 42: Effekt der pH-Wert-Abhängigkeit auf die Plasmid-DNA-Spaltung der Komplexe **42** und **43** (1 mM) in Tris-HCl-Puffer (100 mM, pH 7.4, pH 8.0 oder pH 9.0) bei 37 °C für 16 h.

aufweisen. So konnten weder eine erhöhte Komplexkonzentration (1 mM), noch längere Reaktionszeiten von bis zu 48 Stunden die Spaltung von Plasmid-DNA begünstigen. Auch eine Erhöhung des pH-Werts, die die im Falle von Zink(II)komplexen bevorzugte hydrolytische Spaltung begünstigen sollte, hatte keinen Effekt (vgl. Abbildung 42).

Die Ursache für dieses Verhalten bleibt unklar und muss in weiteren Untersuchungen erforscht werden.

2.3 Fazit

Im Rahmen dieser Arbeit ist es gelungen, die Liganden Cyclen, Thiacyclen undOxathiacyclen zu synthetisieren. Für Cyclen konnten hierbei gute Ausbeuten erreicht werden. Die Synthesen für das Thiacyclen und das Oxathiacyclen ergaben mäßige Ausbeuten. Das Cyclen konnte erfolgreich derivatisiert werden: es wurden Mono(naphthalin)-, sowie Mono(anthracen)- und Tris(anthracen)-cyclen synthetisiert und in mäßigen Ausbeuten erhalten. Die Synthese des Bis(anthracen)cyclen scheiterte, da die Entschützung mittels TFA nicht gelang. Aus diesen Liganden sowie Anthrachinon-substituiertem Cyclen wurden Kupferkomplexe synthetisiert, charakterisiert und auf ihre Aktivität als DNA-Spalter untersucht.

Ein Vergleich zwischen den unsubstituierten Cyclenderivaten zeigt, dass durch einfachen Austausch eines der Stickstoffatome durch Sauerstoff die DNA-Spaltaktivität vervierfacht werden kann. Durch Austausch des Stickstoffatoms gegen ein Schwefelatom kann die Spaltaktivität verdoppelt werden.

Es konnte weiterhin gezeigt werden, dass die Interkalatorsubstitution im Falle des Mono(anthracen)-substituierten Kupferkomplexes die Spaltaktivität verringert. Der dreifach Anthracen-substituierte Kupfercyclenkomplex zeigt eine etwas bessere Spaltaktivität verglichen mit der des nicht substituierten Kupfercyclenkomplexes. Bei der Interpretation dieser Ergebnisse muss berücksichtigt werden, dass der Vergleich unter Zusatz von DMSO geführt wurde, da die Anthracen-substituierten Komplexe nicht wasserlöslich sind. Es bleibt festzuhalten, dass durch Mehrfachsubstitution die Spaltaktivität steigt, da die Wahrscheinlichkeit einer Interkalation des Anthracensubstituenten in die DNA erhöht wird. Für die dargestellten Kupferkomplexe konnte gezeigt werden, dass es sich bei der DNASpaltung um einen oxidativen Spaltmechanismus handelt, bei dem Peroxidspezies und Hydroxylradikale involviert sind. Das Anthrachinon-substituierte Kupfercyclen ist außerdem befähigt, unter photochemischen Bedingungen Plasmid-DNA sehr effektiv zu spalten. Bei 20 μM Konzentration wird die DNA innerhalb von 30 Minuten vollständig in die Form II überführt.

Die aus dem Cyclen, Oxacyclen, Thiacyclen und Oxathiacyclen synthetisierten Zinkkomplexe zeigen keine DNA-Spaltaktivität. Die Elementaranalyse legt nahe, dass es sich bei diesen Komplexen entweder um polymere Spezies handelt oder, dass Zinkchlorid mit ihnen kokristallisiert ist. Ob diese Spezies die DNA-Spaltung eventuell verhindern, konnte nicht festgestellt werden.

3 Ausblick

Um besser zu verstehen, warum der Austausch eines Stickstoffatoms im Kupfercyclenkomplex mit einem Sauerstoffatom einen so großen Einfluss auf die DNA-Spaltaktivität hat, sollten weitere Untersuchungen durchgeführt werden. Durch Untersuchungen der Redoxchemie der vier Kupfercyclenanaloga durch Cyclovoltammetrie könnten Einblicke in das Redoxverhalten der verschiedenen Komplexe erhalten werden. Das daraus gewonnene Verständnis würde helfen, die mechanistischen Details besser zu verstehen und so effektivere Komplexe zu synthetisieren.

Um eine hydrolytische Plasmid-DNA-Spaltung zu untersuchen, sollten in zukünftigen Untersuchungen anstelle der Zinkcyclenkomplexe auch Cobaltcyclenkomplexe verwendet werden. Erste eigene Studien belegen, dass Cobaltcyclen im Gegensatz zu Zinkcyclen zur DNA-Spaltung fähig ist. So kann ein 5 mM konzentrierter Cobaltcyclenkomplex Plasmid-DNA zu 57 % nach 32 Stunden Inkubation unter annähernd physiologischen Bedingungen ohne Reduktionsmittel in die Plasmid-DNA-Form II überführen (Abbildung 43).

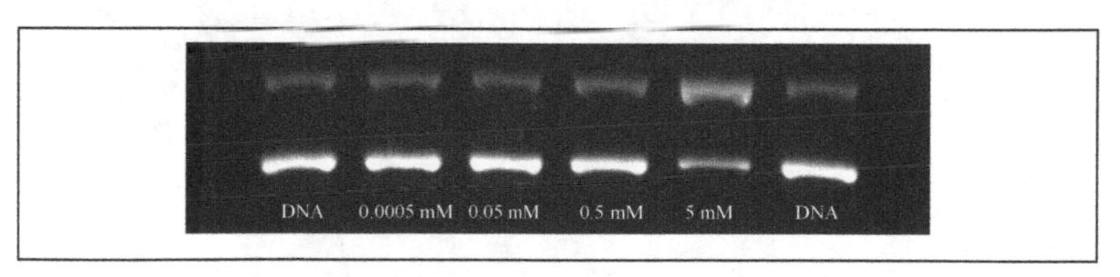

Abbildung 43: Effekt der Konzentrationsabhängigkeit auf die Plasmid-DNA-Spaltung von Cobalt-Cyclen in Tris-HCl-Puffer (100 mM, pH 7.4) bei 37 °C für 32 h.

Bisher wurde außerdem noch nicht untersucht, welchen Einfluss es hat, mehrere der Stickstoffatome des Cyclens durch Sauerstoff zu ersetzen. Die vielversprechenden Ergebnisse, die durch die Untersuchung des Kupferoxacyclenkomplexes in dieser Arbeit gewonnen wurden, rechtfertigen die Untersuchung eines Kupferkomplexes der Form Cu([12]aneN_2O_2). Um die DNA-Affinität der Kupfercyclenkomplexe zur DNA weiter zu erhöhen, müsste eine Mehrfachsubstitution mit wasserlöslichen Interkalatoren durchgeführt werden. Hierbei sollte als nächstes Anthrachinon im Fokus stehen.

Zum Einen gewährleistet Anthrachinon die Wasserlöslichkeit, zum Anderen könnte durch einen Bis(anthrachinon)- oder einen Tris(anthrachinon)-substituierten Komplex eine Nuclease entstehen, die unter photochemischen Bedingungen noch effektiver ist.

Nachdem herausgefunden wurde, welcher der Interkalator-substituierten Komplexe und welcher der cyclenanalogen Komplexe am effektivsten DNA spaltet, könnten beide Ansätze kombiniert werden, um die Effektivität der DNA-Spaltung noch weiter zu steigern. In zukünftigen Untersuchungen sollten die physiologischen Bedingungen noch besser nachgeahmt werden, indem die NaCl-Konzentration entsprechend eingestellt wird. Interessant wären zudem die Substitutionen des Cyclens mit Liganden, welche photochemische Eigenschaften bereits bei längerwelliger Bestrahlung zeigen und der Vergleich der daraus synthetisierten Kupferkomplexe mit dem hier untersuchten Anthrachinon-substituierten Kupfer(II)cyclenkomplex **35**.

4 Experimenteller Teil

4.1 Methoden und Materialien

4.1.5 Chemikalien

Bestand	1-Oxa-4,7,10-triazacyclododecan, 1-(2-Anthrachinonylmethyl)-1,4,7,10-tetraazacyclododecan, Salzsäure (24 %), Kupfer(II)-nitrat Trihydrat, Zink(II)chlorid, Cobalt(III)-cyclen
Alfa Aeasar	9-(Chlormethyl)anthracen
Acros	Natriumsulfid Nonahydrat, abs. Acetonitril, abs. Dimethylformamid, abs. Chloroform, L-Ascorbinsäure, 2-(Brommethyl)-naphthalin, Tosylchlorid
Fisher Scientific	PBS-Puffer, TBE-Puffer, Ethidiumbromid, Tris-HCl
Grace Davison	Silikagel (0.040 – 0.063 mm, 60 Å)
Roth	Trifluoressigsäure, pBR322 Plasmid DNA, D_2O, DMSO-d_6, Aceton-d_6
Sigma Aldrich	Diethylentriamin, Diethanolamin, *N*-(*tert*-Butoxy-carbonyloxy)-succinimid, Superoxiddismutase (Rinderleber, 2000–6000 units mg^{-1}, 3.8 M $(NH_4)_2SO_4$, pH 7.0), Katalase (Rinderleber, 2000–5000 units/mL), Naphthalin-methylbromid, 2-Bromethylamin Hydrobromid
Merck	DC-Platten (60, F254)
VWR	HighPerSolv Chromanorm Methanol
Lonza	Agarose
Eurisotop	CD_2Cl_2

4.1.6 Allgemeine Arbeitstechniken

Alle Synthesen wurden, wenn es nicht anders angegeben wurde, unter Luft durchgeführt. Bei Reaktionen unter Schutzgas wurde unter einer Argonatmosphäre gearbeitet. Alle verwendeten Glasgeräte wurden hierbei vor der Benutzung für mindestens zwei Stunden im Trockenschrank bei 110 °C gelagert oder wurden vor dem Gebrauch im Hochvakuum evakuiert, mit einer Heißluftpistole ausgeheizt und dann mit Inertgas befüllt. Dieser Vorgang wurde dreimal wiederholt.

Die verwendeten absoluten Lösungsmittel wurden gekauft und wie aus der Flasche entnommen verwendet. Ethanol wurde vor der Verwendung nach der im Organikum beschriebenen Vorschrift absolutier.[66]

Die käuflich erhältlichen Chemikalien wurden ohne weitere Aufarbeitung verwendet.

4.1.7 Kernresonanzspektroskopie

Die ^{1}H- und ^{13}C-NMR-Proben wurden entweder bei 400 MHz (^{1}H) bzw. 100 MHz (^{13}C), oder bei 500 MHz bzw. 125 MHz vermessen. Für die Messungen bei 400 MHz und 100 MHz wurde ein JEOL JNM-LA 400 FT-NMR NMR-Spektrometer verwendet, die Proben bei 500 MHz und 125 MHz wurde an einem BRUKER AMX 500 NMR-Spektrometer vermessen.

Die Angaben der chemischen Verschiebung erfolgen nach der δ-Konvention in ppm. Für die NMR-Messungen wurden folgende deuterierte Lösungsmittel verwendet: Aceton-d_6, DMSO-d_6, $CDCl_3$, CD_2Cl_2 und D_2O. Als Referenzsignal werden die jeweiligen Lösungsmittel verwendet (^{1}H-NMR: Aceton-d_6 = 2.05 ppm, DMSO-d_6 = 2.50 ppm, $CDCl_3$ = 7.26 ppm, CD_2Cl_2 = 5.32 ppm u. D_2O = 4.79 ppm; ^{13}C-NMR: Acetond_6 = 29.84 ppm, DMSO-d_6 = 39.52 ppm, $CDCl_3$ = 77.16 ppm u. CD_2Cl_2 = 54.00 ppm). Die Signalform wird wie folgt beschrieben: s = Singulett, d = Dublett, t = Triplett, q = Quartett, sept = Septett, m = Multiplett und br = breites Singulett.

4.1.8 Massenspektrometrie

ESI-Massenspektren wurden mit einem Agilent 6210 ESI-TOF, AGILENT TECHNOLOGIES, Santa Clara, CA, USA, gemessen. Die Flussrate betrug 4 µL/min, die Sprayspannung 4 kV. Das Desolvatisierungsgas wurde auf

15 psi (1 bar) gesetzt. Alle anderen Parameter wurden für eine maximale Abundanz des jeweiligen $[M+H]^+$ optimiert.

4.1.9 Schmelzpunktbestimmung

Die Schmelzpunkte wurden mit dem Melting Point Apparatus der Firma Gallenkamp bestimmt.

4.1.10 Infrarot-Spektroskopie

Die IR-Spektren wurden an einem Nicolet Smart DuraSarap IR-Spektrometer durch direkte Messung der festen Probe gemessen. Die Signale werden wie folgt beschrieben: s (stark), m (medium) und w (schwach).

4.1.11 UV-Spektroskopie

Die UV/Vis-Spektren wurden an einem Perkin Elmer Lambda Spektrophotometer aufgenommen. Zur Bestimmung des Extinktionskoeffizienten wurde die Absorption des zu vermessenen Komplexes bei mindestens fünf verschiedenen Konzentrationen bestimmt. Über die Lambert-Beer-Beziehung konnte über lineare Regression der Extinktionskoeffizient bestimmt werden.

4.1.12 UV-Spektroskopie

Die Spaltaktivität der dargestellten Komplexe bezüglich Plasmid-DNA (pBR322) wurde mittels Gelelektrophorese untersucht. In einem typischen Experiment wurde die Plasmid-DNA (0.025 µg μL^{-1}) mit Tris-HCl-Puffer (100 mM, pH 7.4) und Ascorbat (0.32 mM) vermischt und mit unterschiedlichen Konzentrationen des Komplexes versetzt. Mit Wasser wurde auf ein Gesamtvolumen von 16 µL aufgefüllt und bei 37 °C für zwei Stunden inkubiert (oder für die jeweils angegebene Zeit und Temperatur). Nach der Inkubation wurden die Lösungen entweder bei -20 °C bis zur späteren Verwendung gelagert oder direkt analysiert. Hierfür wurde der Ladepuffer bestehend aus Bromphenolblau-Saccharose-Lösung hinzugegeben und der Ansatz in zwei Portionen à 8 µL geteilt. Diese wurden jeweils auf Agarose-Gele (1 % in 0.5X TBE-Puffer) mit Ethidiumbromid (1.0 µg mL^{-1}) geladen. Die DNA-Fragmente wurden über Gelelektrophorese (Kammer Roth, Generator Consort) bei 40 V in TBE-Puffer (0.5X) für zwei Stunden aufgetrennt. Anschließend wurden die mit Ethidiumbromid gefärbten Gele über das Gelelektrophorese Dokumentationssystem Geldoc der Firma Biorad ausgewertet. Die Intensität der Banden wurde jeweils auf die Referenz-DNA bezogen. Die *supercoiled*-Plasmid-DNA (Form I) des pBR322-Plasmids wurde mit einem Korrekturfaktor von 1.4 multipliziert, um der verringerten Fähigkeit Ethidiumbromid einzulagern Rechnung zu tragen.[67]

Bei Spaltexperimenten mit Radikalfängern wurde analog zu der oben beschriebenen Vorschrift gearbeitet. Dem Ansatz wurde hierbei jedoch vor der Inkubation der jeweilige Radikalfänger (*tert*-Butanol 200 mM, DMSO 200 mM, NaN_3 10 mM, Katalase 5 mg mL^{-1}, SOD 313 u mL^{-1}) hinzugesetzt. Erst dann wurde mit Wasser auf ein Gesamtvolumen von 16 µL aufgefüllt.

Experimente unter Argonatmosphäre wurden analog zu den aeroben Versuchen durchgeführt. Die Lösungen wurden hierbei in einem *glove bag* mit in drei *freeze pump thaw*-Zyklen entgastem Wasser hergestellt.

4.2 Ligandensynthese

4.2.1 N,N‘,N“-Tris(p-tolylsulfonyl)diethylentriamin

$$H_2N\text{-}CH_2CH_2\text{-}NH\text{-}CH_2CH_2\text{-}NH_2 \;(\mathbf{1}) + TsCl \;(\mathbf{2}) \xrightarrow{\text{Pyridin}} TsNH\text{-}CH_2CH_2\text{-}N(Ts)\text{-}CH_2CH_2\text{-}NHTs \;(\mathbf{3})$$

1	**2**	**3**
$C_4H_{13}N_3$	$C_7H_7ClO_2S$	$C_{25}H_{31}N_3O_6S_3$
103.17	190.65	565.73

Ansatz	Diethylentriamin (**1**)	27.5 g (267 mmol)
	Tosylchlorid (**2**)	150.0 g (787 mmol)
	Pyridin	430 mL

Durchführung

In einem 1 L-Dreihalskolben mit Tropftrichter, Rückflusskühler und großem Magnetrührkern wurde Tosylchlorid vorgelegt und in 400 mL Pyridin gelöst. Es wurde eine Lösung von Diethylentriamin in 30 mL Pyridin über eine Stunde so zugetropft, so dass die Temperatur des Reaktionsgemisches zwi-

schen 50 und 60 °C blieb. Die orange Lösung wurde für eine weitere Stunde bei 60 °C gerührt und dann auf Raumtemperatur gekühlt. Der Ansatz wurde in zwei Portionen geteilt. Unter Eisbadkühlung wurden je 150 mL Wasser hinzugegeben und für 15.5 Stunden bei Raumtemperatur gerührt. Die Reaktionsansätze wurden auf 0 °C gekühlt und der dabei ausgefallene Feststoff abfiltriert, mit eisgekühltem Ethanol gewaschen und im Vakuum getrocknet.
Ausbeute 107.3 g (190 mmol) 71 % (Lit. 84-90 %)[37]

Habitus hellgelber Feststoff

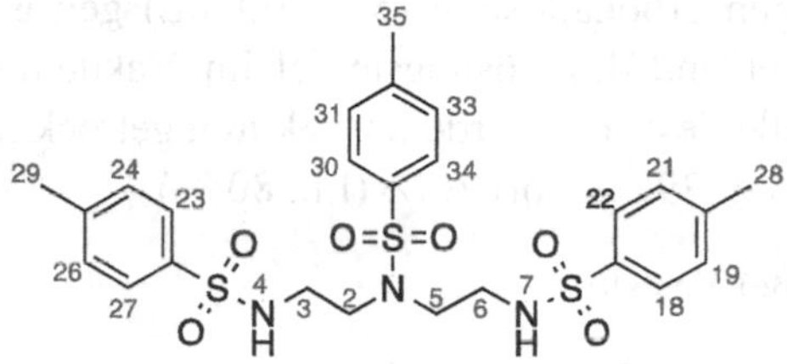

^{1}H-NMR ($(CD_3)_2CO$, 400 MHz): 2.43 (s, 3 H, Ar-CH_3^{35}), 2.48 (s, 6 H, Ar-$CH_3^{28,29}$), 3.06 (q, J = 6.8 Hz, 4 H, $CH_2^{3,6}$), 3.18 (t, J = 6.8 Hz, 4 H, $CH_2^{2,5}$), 6.59 (t, J = 6.0 Hz, 2 H, $NH^{4,7}$), 7.38 - 7.43 (m, 6 H, m Ar-H), 7.64 (d, J = 8.5 Hz, 2 H, *o* Ar-$H^{30,34}$), 7.75 (d, J = 8.2 Hz, 5 H, *o* Ar-$H^{19,21,24,26}$) ppm.

4.2.2 N,O,O'-Tris(p-tolylsulfonyl)diethanolamin

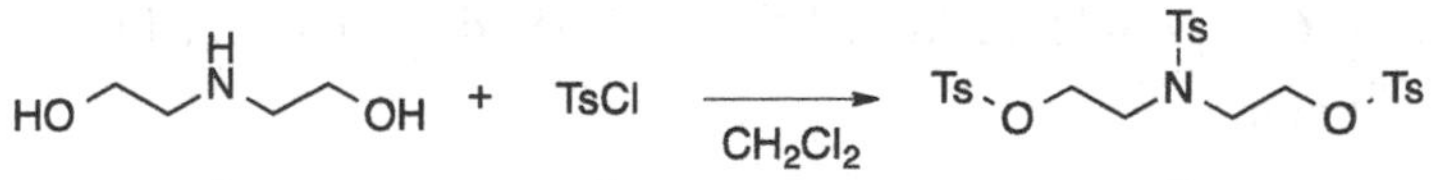

4	2	5
$C_4H_{11}NO_2$	$C_7H_7ClO_2S$	$C_{25}H_{29}NO_8S_3$
105.14	190.65	565.73

Ansatz Diethanolamin (**4**) 54.39 g (517 mmol)
Tosylchlorid (**2**) 295.60 g (1559 mmol)
Triethylamin 244 mL (1760 mmol)
Dichlormethan 1000 mL

Durchführung

In einem 2 L-Dreihalskolben mit Schlenkanschluss, Septum und großem Magnetrührkern wurde unter Argon abs. Dichlormethan vorgelegt und Diethanolamin hinzugegeben. Das Septum wurde gegen ein Thermometer getauscht, die Lösung auf 0 °C gekühlt und Triethylamin hinzugegeben. Nachdem das Reaktionsgemisch wieder auf 0 °C abgekühlt war, wurde Verbindung **2** innerhalb von 4 Stunden so hinzugetropft, dass die Temperatur 10 °C nicht überschritt. Es wurde für 12 weitere Stunden bei Raumtemperatur gerührt, bevor der ausgefallene Feststoff abfiltriert wurde. Das Filtrat wurde mit HCl (1 M, 3 x 100 mL), H_2O (5 x 200 mL) und schließlich mit gesättigter Natriumhydrogencarbonatlösung (5 x 200 mL) gewaschen, über Natriumsulfat getrocknet und das Lösungsmittel im Vakuum entfernt. Der zurückbleibende weiße Feststoff wurde im Vakuum getrocknet.

Ausbeute 221.6 g (392 mmol) 76 % (Lit. 80 %)[38]

Habitus weißer Feststoff

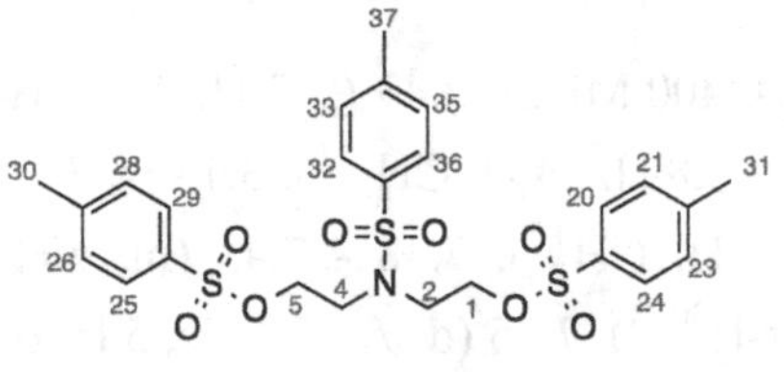

^{1}H-NMR ($(CD_3)_2CO$, 400 MHz): 2.42 (s, 3 H, Ar-CH_3^{37}), 2.47 (s, 6 H, Ar-CH_3^{30,31}), 3.42 (t, J = 6.0 Hz, 4 H, CH_2^{2,4}), 4.14 (t, J = 6.0 Hz, 4 H, CH_2^{1,5}), 7.39 (d, J = 8.6 Hz, 2 H, m Ar-H^{33,35}), 7.49 (d, J = 8.6 Hz, 2 H, *o* Ar-H^{32,36}), 7.66 (d, J = 6.6 Hz, 4 H, m Ar-H^{21,23,26,28}), 7.78 (d, J = 6.6 Hz, 4 H, *o* Ar-H^{20,24,25,29}) ppm.

4.2.3 N,N',N''-Tris(p-tolylsulfonyl)diethylentriamin-N,N''-Dinatriumsalz

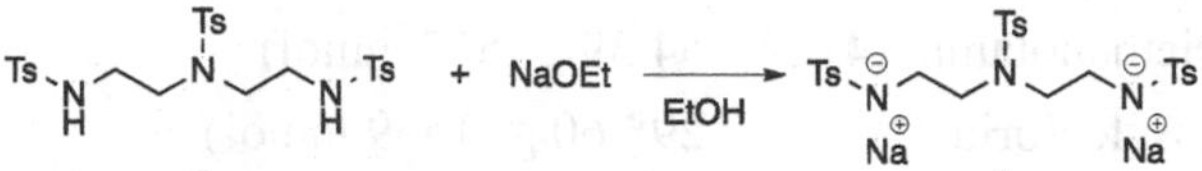

3 + NaOEt → (EtOH) **6**

3: $C_{25}H_{31}N_3O_6S_3$, 565.73

6: $C_{25}H_{29}Na_2N_3O_6S_3$, 609.69

Ansatz Verbindung **3** 54.39 g (517 mmol)

Natrium	9.5 g (413 mmol)
Triethylamin	244 mL (1760 mmol)
Ethanol	500 mL

Durchführung

Unter Argonatmosphäre wurde Verbindung **3** in 250 mL abs. EtOH gelöst und zum Rückfluss erhitzt. Der Heizer wurde entfernt und zu dem Reaktionsgemisch eine zuvor hergestellte Lösung von Natrium in 250 mL abs. EtOH zügig hinzugetropft. Das Reaktionsgemisch wurde für 30 Minuten bei Raumtemperatur gerührt und anschließend das Lösungsmittel im Vakuum entfernt. Der zurückbleibende Feststoff wurde im Vakuum bei 100 °C getrocknet.

Ausbeute 98.3 g (161 mmol) 85 % (Lit. 90 %)[37]

Habitus hellgelber Feststoff

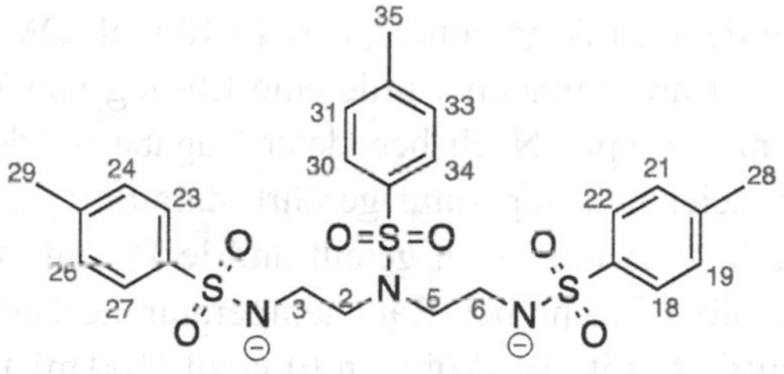

^{1}H-NMR ($(CD_3)_2CO$, 400 MHz): 2.30 (s, 6 H, Ar-$CH_3^{28,29}$), 2.36 (s, 3 H, Ar-CH_3^{35}), 2.61 (m, 4 H, $CH_2^{3,6}$), 2.87 (m, 4 H, $CH_2^{2,5}$), 7.10 (d, J = 7.9 Hz, 4 H, *m* Ar-$H^{19,21,24,26}$), 7.28 (d, J = 8.1 Hz, 2 H, *m* Ar-$H^{31,33}$), 7.45 (m, 8 H, *o* Ar-H) ppm.

4.2.4 *1,4,7,10-Tetrakis(p-tolylsulfonyl)1,4,7,10-tetraazacyclododecan*

5	6	7
$C_{25}H_{29}NO_8S_3$	$C_{25}H_{29}Na_2N_3O_6S_3$	$C_{36}H_{44}N_4O_8S_4$
565.73	609.69	789.02

Ansatz	Verbindung **6**	9.5 g (413 mmol)
	Verbindung **5**	244 mL (1760 mmol)
	DMF	1600 mL

Durchführung

Verbindung **6** wurde unter Argonatmosphäre in 400 mL DMF gelöst und auf 100 °C erhitzt. Über drei Stunden wurde eine Lösung von Verbindung **5** in 800 mL DMF hinzugetropft. Nach beendeter Zugabe wurde für 30 weitere Minuten bei der gleichen Temperatur gerührt, daraufhin das Heizgerät entfernt, der Ansatz in zwei Portionen geteilt und je 180 mL Wasser hinzugetropft. Es wurde über Nacht bei Raumtemperatur gerührt, das zyklische Tetraamin **7** abfiltriert, mit eisgekühltem Ethanol (100 mL) gewaschen und im Hochvakuum bei 100 °C getrocknet.

Ausbeute 88.3 g (111 mmol) 69 % (Lit. 80 %)[18]

Habitus hellgrauer Feststoff

^{1}H-NMR ($CDCl_3$, 400 MHz): 2.44 (s, 12 H, Ar-CH_3), 3.43 (s, 16 H, CH_2), 7.33 (d, J = 8.3 Hz, 8 H, *m* Ar-H), 7.68 (d, J = 8.3 Hz, 8 H, o Ar-H) ppm.

4.2.5 1,4,7,10-Tetraazacyclododecan

H_2SO_4

7	**8**
$C_{36}H_{44}N_4O_8S_4$	$C_8H_{20}N_4$
789.02	172.27

Ansatz	Verbindung **7**	88.3 g (112 mmol)
	Schwefelsäure	250 mL
	Diethylether	900 mL

Durchführung

Das tosylierte Amin **7** wurde in Schwefelsäure gelöst und für zwei Tage bei 100 °C gerührt. Das nunmehr schwarze Reaktionsgemisch wurde im Eisbad auf 0 °C gekühlt, dann wurden vorsichtig nacheinander Ethanol und Diethylether hinzugegeben. Der ausgefallene gräuliche Feststoff wurde über eine Fritte abgesaugt und im Vakuum getrocknet, bevor er in 1400 mL 1 M Natronlauge aufgenommen wurde und die Lösung mit Chloroform (3 × 300 mL) extrahiert wurde. Die organische Phase wurde über Natriumulfat getrocknet und das Lösungsmittel im Vakuum entfernt. Der zurückbleibende Feststoff wurde über Nacht im Vakuum getrocknet. Eine zweite Fraktion konnte gewonnen werden, indem die wässrige Phase zunächst verdampft wurde und der so erhaltene Feststoff über Nacht in Chloroform gerührt wurde. Das Chloroform wurde abfiltriert, das Filtrat über Natriumsulfat getrocknet und das Lösungsmittel im Vakuum entfernt. Das so erhaltene Cyclen **8** wurde ebenfalls über Nacht im Vakuum getrocknet und die beiden Fraktionen vereinigt. Es wurde über Sublimation bei 85 °C aufgereinigt.

Ausbeute 10.5 g (61 mmol) 54 % (Lit. 70 %)[42]

Habitus farblose Kristalle **Schmelzpunkt** 110 °C

^{1}H-NMR ($CDCl_3$, 400 MHz): 2.00 (s, 4 H, NH), 2.67 (s, 16 H, CH_2) ppm.

IR (fest) $\tilde{\nu}$ = 3335, 3298 u. 3237 (m, ν NH), 2928, 2897, 2870 u. 2813 (s, ν CH_2), 1662 u. 1569 (w, δ NH), 1470 u. 1440 (m, δ CH_2), 1115 (s), 829 (s), 742 u. 704 (s) cm^{-1}.

4.2.6 Bis(2-aminoethyl)sulfid

$$Br\text{-}CH_2CH_2\text{-}NH_2 \cdot HBr + Na_2S \cdot 9\,H_2O \xrightarrow{H_2O} H_2N\text{-}CH_2CH_2\text{-}S\text{-}CH_2CH_2\text{-}NH_2$$

9	10	11
$C_2H_7Br_2N$	$H_{18}O_9Na_2S$	$C_4H_{12}N_2S$
204.89	240.18	120.22

Ansatz	2-Bromethylamin-Hydrobromid (**9**)	90.0 g (439 mmol)
	Natriumsulfid-Nonahydrat (**10**)	52.9 g (220 mmol)
	Natriumhydroxid	17.6 g (440 mmol)

Durchführung

Zu einer Lösung von Natriumsulfid (**10**) in 900 mL Wasser wurde eine Lösung von Natriumhydroxid in 90 mL Wasser zügig hinzugetropft. Nach vollständiger Zugabe wurde eine Lösung von Verbindung 9 in 90 mL Wasser über 30 Minuten tropfenweise hinzugefügt. Es wurde für 24 Stunden bei Raumtemperatur gerührt und das Lösungsmittel der nunmehr hellgelben Lösung zum großen Teil im Vakuum entfernt. Der pH-Wert der zurückbleibenden Lösung wurde durch Zugabe von Kaliumhydroxid auf pH 14 eingestellt und anschließend mit Chloroform (4 × 100 mL) extrahiert. Die organische Phase wurde über Natriumsulfat getrocknet, das Lösungsmittel im Vakuum entfernt und das zurückbleibende gelbe Öl über Vakuumdestillation ($5.2 \cdot 10^{-2}$ mbar, 52 °C) aufgereinigt.

Ausbeute 14.3 g (119 mmol) 54 % (Lit. 60 %) [44]

Habitus farbloses Öl **Siedepunkt** 52 °C (5.2□10^{-2} mbar)

$$H_2N^{4}\text{-}C^{3}H_2\text{-}C^{2}H_2\text{-}S\text{-}C^{5}H_2\text{-}C^{6}H_2\text{-}N^{7}H_2$$

^{1}H-NMR ($CDCl_3$, 400 MHz): 1.00 (s, 4 H, $NH_2^{4,7}$), 2.28 (t, J = 6.4 Hz, $CH_2^{2,5}$), 2.5 (t, J = 6.4 Hz, $CH_2^{3,6}$) ppm.

^{13}C-NMR ($CDCl_3$, 100 MHz): 35.38 ($C^{2,5}$), 40.74 ($C^{3,6}$) ppm.

4.2.7 Bis[(p-tolylsulfonylamino)ethyl]sulfid

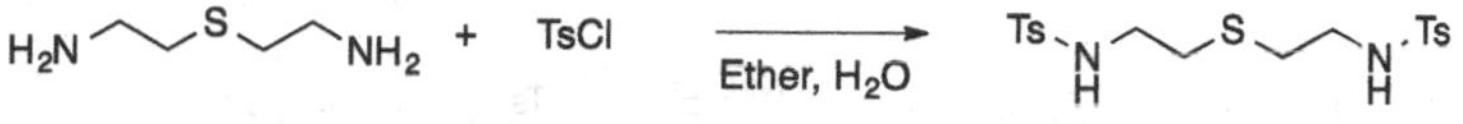

11	**2**	**12**
$C_4H_{12}N_2S$	$C_7H_7ClO_2S$	$C_{18}H_{24}N_2O_4S_3$
120.22	190.65	428.59

Ansatz	Bis(2-aminoethyl)sulfid (**11**)	17.5 g (146 mmol)
	Tosylchlorid (**2**)	40.2 g (319 mmol)
	Natriumhydroxid	12.8 g (320 mmol)
	Diethylether	190 mL

Durchführung

Zu einer Lösung von Verbindung **11** und Natriumhydroxid in 90 mL Wasser wurde bei 5 °C eine Lösung von Tosylchlorid in Diethylether so hinzugetropft, dass die Temperatur des Reaktionsgemisches zwischen 5 und 10 °C verblieb. Es wurde für eine Stunde bei 10 °C, anschließend weitere drei Stunden bei Raumtemperatur gerührt. Die Phasen wurden durch Zugabe von 7 %iger Salzsäure getrennt, die wässrige Phase mit Dichlormethan (3 × 50 mL) extrahiert und über Natriumsulfat getrocknet. Das Lösungsmittel wurde im Vakuum entfernt und das zurückbleibende Öl im Vakuum getrocknet.

Ausbeute 56.4 g (132 mmol) 90 % (Lit. 76 - 93 %)[45]

Habitus rotes viskoses Öl

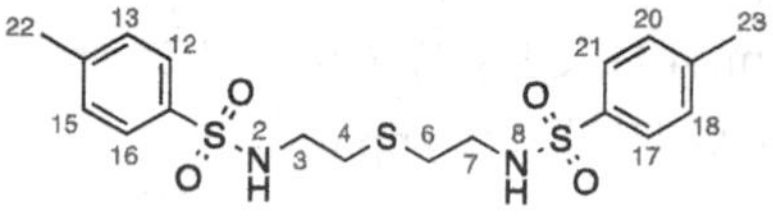

^{1}H-NMR ($CDCl_3$, 400 MHz): 2.41 (s, 6 H, Ar-$CH_3^{22,23}$), 2.53 (t, $J = 6.5$ Hz, 4 H, $CH_2^{4,6}$), 3.05 (*q*, $J = 6.4$ Hz, 4 H, $CH_2^{3,7}$), 5.32 (t, J = 6.2 Hz, 2 H,

$NH^{2,8}$), 7.29 (d, J = 7.9 Hz, 4 H, *m* Ar-$H^{13,15,18,20}$), 7.73 (d, J = 7.9 Hz, 4 H, *o* Ar-$H^{12,16,17,21}$) ppm.

4.2.8 Bis[(p-tolylsulfonylamino)ethyl]sulfid-Dinatriumsalz

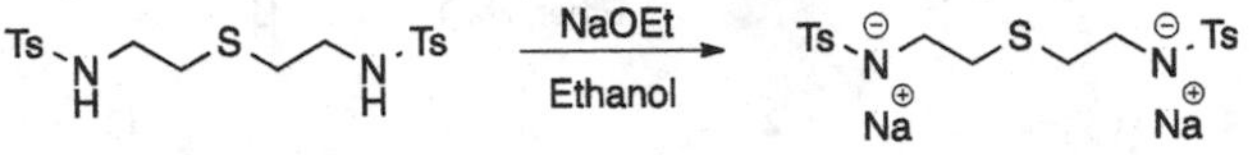

NaOEt, Ethanol

12 $C_{18}H_{24}N_2O_4S_3$ 428.59 → **13** $C_{18}H_{22}N_2Na_2O_4S_3$ 472.55

Ansatz		
	Bis[(p-tolylsulfonylamino)ethyl]sulfid (**12**)	56.4 g (132 mmol)
	Natrium	6.5 g (281 mmol)
	Ethanol	470 mL

Durchführung

Unter Argonatmosphäre wurde eine Lösung von Verbindung **12** in 100 mL abs. Ethanol zu einer Lösung von Natrium in 370 mL abs. Ethanol hinzugetropft. Es wurde für zwei Stunden zum Rückfluss erhitzt und dann der ausgefallene Feststoff abfiltriert, mit Ethanol und Diethylether gewaschen und im Vakuum getrocknet.

Ausbeute 23.8 g (50 mmol) 38 % (Lit. 85 %)[45]

Habitus weißes Pulver

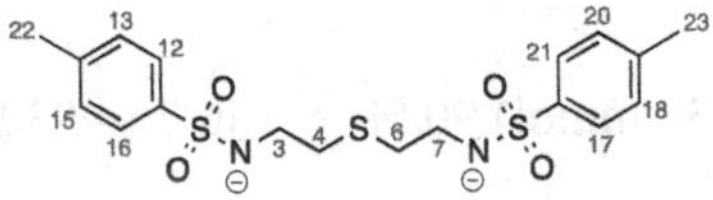

^{1}H-NMR (DMSO-d$_6$, 400 MHz): 2.22 - 2.35 (m, 10 H, Ar-$CH_3^{22,23}$ u. $CH_2^{4,6}$), 2.60 - 2.73 (m, 4 H, $CH_2^{3,7}$), 6.93 - 7.25 (m, 4 H, *m* Ar-$H^{13,15,18,20}$), 7.41 - 7.46 (m, 4 H, *o* Ar-$H^{12,16,17,21}$) ppm.

4.2.9 4,7,10-Tris(p-tolylsulfonyl)-1-thia-4,7,10-triazacyclododecan

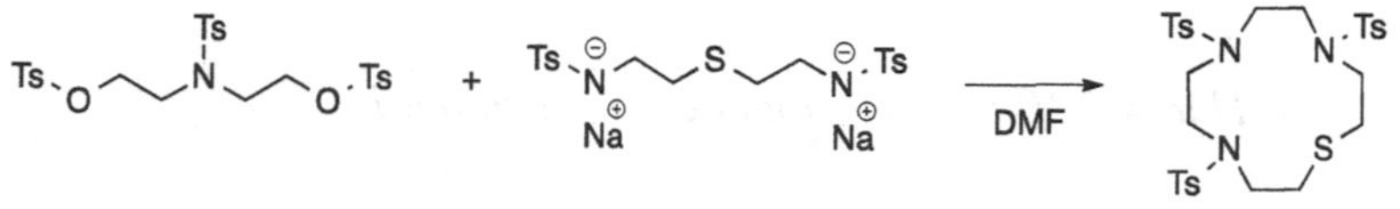

5	13	14
$C_{25}H_{29}NO_8S_3$	$C_{18}H_{22}N_2Na_2O_4S_3$	$C_{29}H_{37}N_3O_6S_4$
565.73	472.55	651.88

DMF

Ansatz *N,O,O'*-Tris(*p*-tolylsulfonyl)diethanolamin (**5**) 46.5 g (82 mmol)
Dinatriumsalz (**13**) 38.5 g (82 mmol)
abs. DMF 400 mL

Durchführung

Innerhalb von zweieinhalb Stunden wurde eine Lösung des tosylierten Diethanolamins **5** in 160 mL trockenem DMF tropfenweise zu einer Lösung des Natriumsalzes **13** in 240 mL trockenem DMF unter Argonatmosphäre bei 90 °C hinzugegeben. Es wurde für weitere 22 Stunden bei 100 °C gerührt, woraufhin das Lösungsmittel unter vermindertem Druck entfernt wurde. Der zurückbleibende aufkonzentrierte Reaktionsansatz wurde in 800 mL Wasser gegeben und der dabei ausgefallene Feststoff abfiltriert, bei 100 °C für zwei Tage im Hochvakuum getrocknet und schließlich aus Methanol umkristallisiert.

Ausbeute 13.8 g (21 mmol) 26 % **Lit.** 57 %[43]

Habitus grauer Feststoff

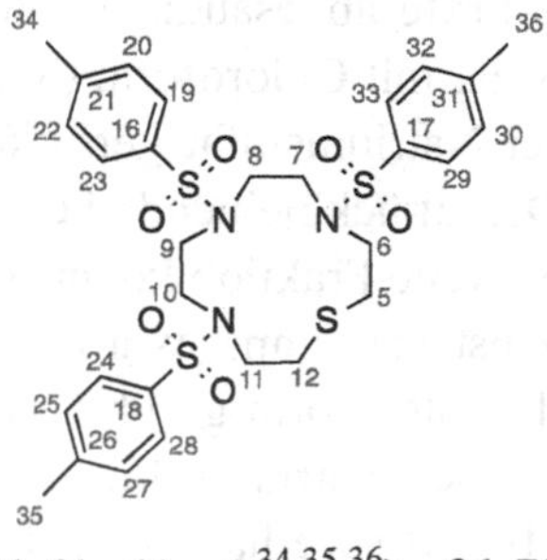

^{13}C-NMR ($CDCl_3$, 100 MHz): 21.61 (Ar-$C^{34,35,36}$), 31.72 ($C^{5,12}$), 42.34 ($C^{6,11}$), 46.08 ($C^{7,10}$), 51.73 ($C^{8,9}$), 127.12 (*o* Ar-$C^{24,28,29,33}$), 127.29 (*o* Ar-

$C^{19,23}$), 129.88 (*m* Ar-$C^{25,27,30,32}$), 129.98 (*m* Ar-$C^{20,22}$), 134.32 (Ar-C^{16}), 136.93 (Ar-$C^{17,18}$), 144.00 (Ar-$C^{26,31}$), 145.42 (Ar-C^{21}) ppm.

4.2.10 1-Thia-4,7,10-triazacyclododecan: Variante 1

Ts Ts N N N S Ts → H_2SO_4 → H H N N N S H

14 $C_{29}H_{37}N_3O_6S_4$ 651.88

15 $C_8H_{19}N_3S$ 189.32

Ansatz 4,7,10-Ts-1-thia-4,7,10-triazacyclododecan **14** 6.4 g (10 mmol)

Schwefelsäure (96 %)	25 mL
Ethanol	45 mL
Diethylether	40 mL

Durchführung

Das geschützte Cyclenderivat **14** wurde in Schwefelsäure gelöst und für zweieinhalb Tage bei 105 °C gerührt. Das nunmehr schwarze Reaktionsgemisch wurde im Eisbad auf 0 °C gekühlt. Dann wurden vorsichtig nacheinander Ethanol und Diethylether hinzugegeben. Der ausgefallene Feststoff wurde über eine Fritte abgesaugt, in 120 mL 1 M Natronlauge aufgenommen und die Lösung mit Chloroform (3 x 60 mL) extrahiert. Die organische Phase wurde über Natriumsulfat getrocknet und das Lösungsmittel im Vakuum entfernt. Der zurückbleibende Feststoff wurde über Nacht im Vakuum getrocknet. Eine zweite Fraktion konnte gewonnen werden, indem die wässrige Phase zunächst verdampft wurde und der so erhaltene Feststoff über Nacht in 250 mL Chloroform gerührt wurde. Das Chloroform wurde abfiltriert, das Filtrat über Natriumsulfat getrocknet und das Lösungsmittel im Vakuum entfernt. Das so erhaltene Cyclenderivat **15** wurde ebenfalls über Nacht im Vakuum getrocknet und die beiden Fraktionen vereinigt.

Ausbeute 0.2083 g (1.10 mmol) 11.2 %

Habitus hellgelber niedrigschmelzender Feststoff

^{1}H-NMR ($CDCl_3$, 400 MHz): 2.55 - 2.77 (m, 16 H, CH_2) ppm.

4.2.11 1-Thia-4,7,10-triazacyclododecan: Variante 2

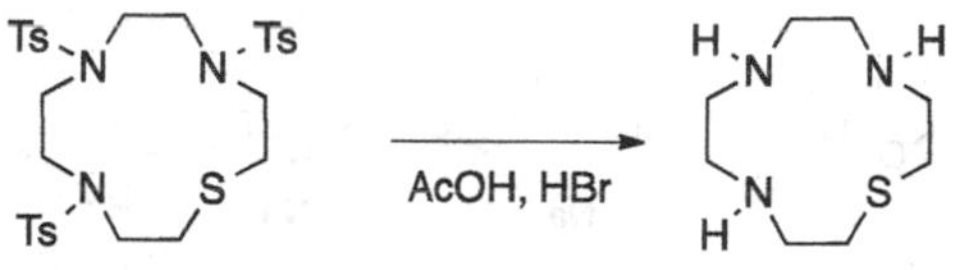

14 $C_{29}H_{37}N_3O_6S_4$ 651.88

15 $C_8H_{19}N_3S$ 189.32

Ansatz	Ts-1-thia-4,7,10-triazacyclododecan **14**	46.5 g (82 mmol)
	Eisessig	71 mL
	Bromwasserstoffsäure (48 % in H_2O)	106 mL

Durchführung

Das geschützte Cyclenderivat **14** wurde in einer Mischung aus Eisessig und Bromwasserstoffsäure gelöst und für zweieinhalb Tage zum Rückfluss erhitzt. Nach abgelaufener Reaktionszeit wurde das Lösungsmittel bis auf ein Viertel des Originalvolumens abdestilliert und der pH-Wert des zurückbleibenden Ansatzes durch Zugabe von konzentrierter Natronlauge auf pH 14 eingestellt. Es wurde mit Chloroform (3 x 100 mL) extrahiert, die organische Phase über Natriumsulfat getrocknet und das Lösungsmittel im Vakuum entfernt. Das zurückbleibende Öl wurde im Vakuum getrocknet und anschließend über eine Vakuumdestillation (200 °C, 10^{-2} mbar) aufgereinigt. Der so erhaltene gelbe Feststoff wurde aus THF umkristallisiert.
Ausbeute 0.2670 g (1.41 mmol) 13 %

Habitus hellgelbe niedrigschmelzende Nadeln

^{1}H-NMR ($CDCl_3$, 400 MHz): 2.55 - 2.77 (m, 16 H, CH_2) ppm.

^{13}C-NMR ($CDCl_3$, 100 MHz): 32.44 ($SC^{25,12}$), 45.74, 46.04, 47.48 (NC) ppm.

MS (ESI$^+$) m/z: 190.1377, berechnet $[C_8H_{19}N_3S + H]^+$ 190.1372.

IR (fest) $\tilde{\nu}$ = 3269 (s, ν NH), 2912 u. 2813 (s, ν CH_2), 1659 u. 1585 (w, δ NH), 1447 (m, δ CH_2), 775 u. 753 cm^{-1}.

4.2.12 4,10-Bis(p-tolylsulfonyl)-1-oxa-7-thia-4,10-diazacyclododecan

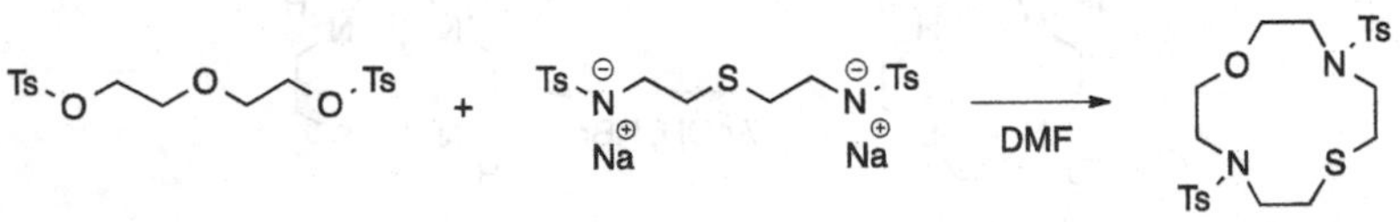

16	**13**	**17**
$C_{18}H_{22}O_7S_2$	$C_{18}H_{22}N_2Na_2O_4S_3$	$C_{22}H_{30}N_2O_5S_3$
414.49	472.55	498.68

Ansatz	1,5-Bis(tosyloxy)-3-oxapentan (**16**)	20.9 g (50 mmol)
	Dinatriumsalz **13**	23.8 g (50 mmol)
	abs. DMF	180 mL

Durchführung

Innerhalb von zwei Stunden wurde eine Lösung des tosylierten Ethers **16** in 100 mL trockenem DMF tropfenweise zu einer Lösung des Natriumsalzes **13** in 180 mL trockenem DMF unter Argonatmosphäre bei 90 °C hinzugegeben. Es wurde für weitere 22 Stunden bei 100 °C gerührt, woraufhin das Lösungsmittel unter vermindertem Druck entfernt wurde. Der zurückbleibende aufkonzentrierte Reaktionsansatz wurde in 500 mL Wasser gegeben und der dabei ausgefallene Feststoff abfiltriert, aus 2 L Ethanol umkristallisiert und im Vakuum getrocknet.

Ausbeute 12.8403 g (25.75 mmol) 52 % **Lit.** 92 %[46]

Habitus weißes Pulver

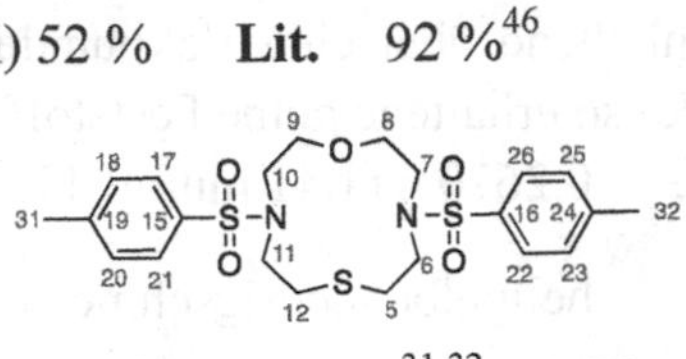

^{1}H-NMR (CD_2Cl_2, 500 MHz): 2.42 (s, 6 H, Ar-CH_3^{31,32}), 2.71 - 2.77 (m, 4 H, CH_2^{5,12}), 3.23 - 3.33 (m, 8 H, CH_2^{7,8,11,12}), 3.56 - 3.60 (m, 4 H, CH_2^{8,9}), 7.31 - 7.35 (m, 4 H, *m* Ar-H^{18,20,23,25}), 7.62 - 7.67 (m, 4 H, *o* Ar-H^{17,21,22,26}) ppm.

^{13}C-NMR (CD_2Cl_2, 150 MHz): 21.78 (Ar-$CH_3^{31,32}$), 28.67 ($CH_2^{5,12}$), 50.42 ($CH_2^{6,11}$), 51.00 ($CH_2^{7,10}$), 72.59 ($CH_2^{8,9}$), 127.64 (Ar-$C^{17,21,22,26}$), 130.36 Ar-$C^{18,20,23,25}$), 136.35 (Ar-$C^{15,16}$), 144.29 (Ar-$C^{19,24}$) ppm.

MS (ESI$^+$) m/z: 521.1136, berechnet [$C_{22}H_{30}N_2O_5S_3$ + Na]$^+$ 521.1215.

4.2.13 4,10-Bis(p-tolylsulfonyl)-1-oxa-7-thia-4,10-diazacyclododecan

HBr/AcOH

17 $C_{22}H_{30}N_2O_5S_3$ 498.68 → **18** $C_8H_{18}N_2OS$ 190.31

Ansatz	4,10-Ts-1-oxa-7-thia-4,10-diazacyclododecan	3.001 g (6.0 mmol)
	Bromwasserstoffsäure (48 % in H_2O)	90 mL
	Eisessig	60 mL

Durchführung

Das geschützte Cyclenderivat **17** wurde in einer Mischung aus Eisessig und Bromwasserstoffsäure gelöst und für 14.5 Stunden zum Rückfluss erhitzt. Nach abgelaufener Reaktionszeit wurde das Lösungsmittel bis auf 10 % des Originalvolumens abdestilliert und der pH-Wert des zurückbleibenden Ansatzes durch Zugabe von konzentrierter Natronlauge auf pH 14 eingestellt. Es wurde mit Chloroform (3 x 100 mL) extrahiert, die organische Phase über Natriumsulfat getrocknet und das Lösungsmittel im Vakuum entfernt. Es wurde über eine Kugelrohrofendestillation (150 °C, 1.5·10^{-2} mbar) aufgereinigt.

Ausbeute 0.2050 g (1.08 mmol) 18 % **Lit.** 20 %[46]

Habitus weiße niedrigschmelzende Nadeln

^{1}H-NMR (CD_2Cl_2, 400 MHz): 2.37 (s, 2 H, $NH^{1,3}$), 2.65 - 2.70 (m, 4 H, $CH_2^{5,12}$), 7.71-2.76 (m, 4 H, $CH_2^{6,11}$), 2.76 - 2.81 (m, 4 H, $CH_2^{7,10}$), 3.54 - 3.61 (m, 4 H, $CH_2^{8,9}$) ppm.

^{13}C-NMR (CD_2Cl_2, 100 MHz): 33.72 ($CH_2^{5,12}$), 46.40 ($CH_2^{6,11}$), 47.88 ($CH_2^{7,10}$), 67.49 ($CH_2^{8,9}$) ppm.

MS (ESI$^+$) m/z: 191.1426, berechnet für $[C_8H_{18}N_2OS + H]^+$ 191.1213.

IR (fest) $\tilde{\nu}$ = 3175 (w, ν NH), 2913 u. 2860 (s, ν CH2), 1584 (w, δ NH),1461 (m, δ CH2), 1110, 746 cm^{-1}.

4.2.14 1-(2-Naphthalinmethyl)-1,4,7,10-tetraazacyclododecan

Toluol

8	19	20
$C_8H_{20}N_4$	$C_{11}H_9Br$	$C_{19}H_{28}N_4 \cdot 3.5\ HCl$
172.27	221.09	421.83

Ansatz	1,4,7,10-Tetraazacyclododecan (**8**)	1.6360 g (9.50 mmol)
	2-(Brommethyl)naphthalin (**19**)	0.4197 g (1.90 mmol)
	Toluol	20 mL

Durchführung

Cyclen (**8**) wurde in Toluol gelöst und Verbindung **19** hinzugegeben. Die Lösung wurde für 15 Stunden unter Rühren zum Rückfluss erhitzt. Nach beendeter Reaktionszeit wurde auf Raumtemperatur gekühlt und der ausgefallene Feststoff abfiltriert. Das Filtrat wurde zunächst mit 1 M Natronlauge (2 x 20 mL) und dann mit Wasser (4 x 10 mL) gewaschen und über Natriumsulfat getrocknet. Anschließend wurde das Lösungsmittel im Vakuum entfernt. Der Rückstand wurde in 20 mL Ethanol aufgenommen und 3 mL 24 % HCl- Lösung hinzugegeben. Das Hydrochlorid **20** wurde durch Kühlung ausgefällt, dann abfiltriert und schließlich im Vakuum getrocknet.

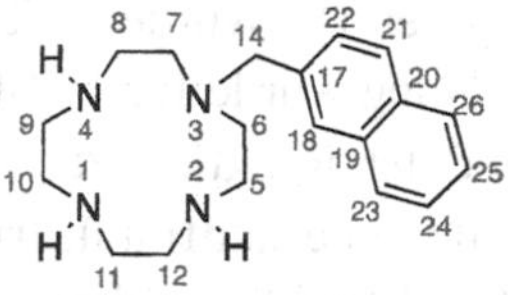

Ausbeute 0.1890 g (0.45 mmol) 24 %

Habitus weißes Pulver

Schmelzpunkt 260 – 270 °C (Zersetzung)

^{1}H-NMR (D_2O, 400 MHz): 2.88 – 3.05 (m, 8 H, CH_2), 3.06 – 3.25 (m, 8 H, CH_2), 3.98 (s, 2 H, CH_2^{14}), 7.40 – 7.46 (m, 3 H, Ar-H), 7.86 (s, 1 H, Ar-H^{18}), 7.90 – 7.98 (m, 3 H, Ar-H) ppm.

^{13}C-NMR (D_2O, 100 MHz): 41.82, 41.97, 44.18 u. 47.92 (NCH_2), 56.88 (CH_2^{14}), 126.80, 126.96, 127.29, 127.76, 127.83, 128.79, 129.29, 132.69 u. 133.01 (Ar-C) ppm.

C,H,N,S-An. gefunden: C 53.13 % H 7.46 % N 11.45 %
berechnet: C 51.86 % H 7.21 % N 12.73 %

IR (fest) $\tilde{\nu}$ = 3245 (w, ν NH), 2994, 2938, 2886, 2624, 2507, 2417, 2359 (m, ν CH_2 u. Ar-H), 1600 u. 1572 (w, δ NH),1456 u. 1436 (s, δ CH2), 1274 (s), 1089, 1025 u. 948 (m), 751 (m) cm^{-1}.

4.2.15 1-(9-Anthracenmethyl)-1,4,7,10-tetraazacyclododecan

Toluol

· 4 HCl · 2 H_2O

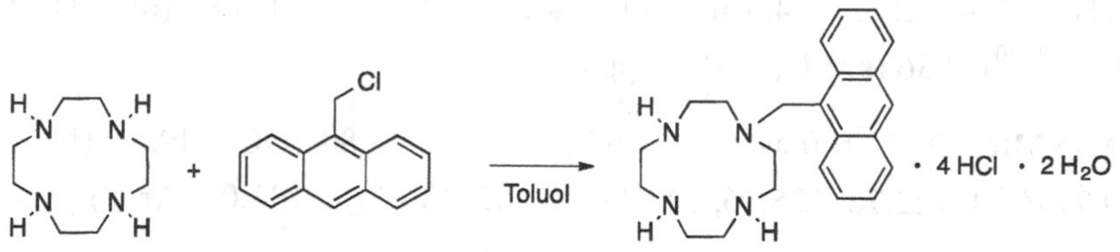

8	**21**	**22**
$C_8H_{20}N_4$	$C_{15}H_{11}Cl$	$C_{23}H_{30}N_4 \cdot 4\,HCl \cdot 2H_2O$
172.27	226.70	543.38

Ansatz 1,4,7,10-Tetraazacyclododecan (**8**) 0.8699 g (5.05 mmol)
9-(Chlormethyl)anthracen (**21**) 0.2321 g (1.02 mmol)
Toluol 10 mL

Durchführung

Cyclen (**8**) wurde in Toluol gelöst und Verbindung **21** hinzugegeben. Die Lösung wurde für 15 Stunden unter Rühren zum Rückfluss erhitzt. Nach beendeter Reaktionszeit wurde auf Raumtemperatur gekühlt und der ausgefallene Feststoff abfiltriert. Das Filtrat wurde zunächst mit 1 M Natronlauge (2 x 10 mL) und dann mit Wasser (4 x 5 mL) gewaschen und über Natriumsulfat getrocknet. Anschließend wurde das Lösungsmittel im Vakuum entfernt. Der Rückstand wurde in 10 mL Ethanol aufgenommen und 1.5 mL 24 % HCl- Lösung hinzugegeben. Das Hydrochlorid **20** wurde durch Kühlung ausgefällt, dann abfiltriert und schließlich im Vakuum getrocknet.

Ausbeute 0.1384 g (0.25 mmol) 25 % **Lit.** 75 %[1] [47]

Habitus hellgelbes Pulver

Schmelzpunkt 175 – 180 °C (Zersetzung)

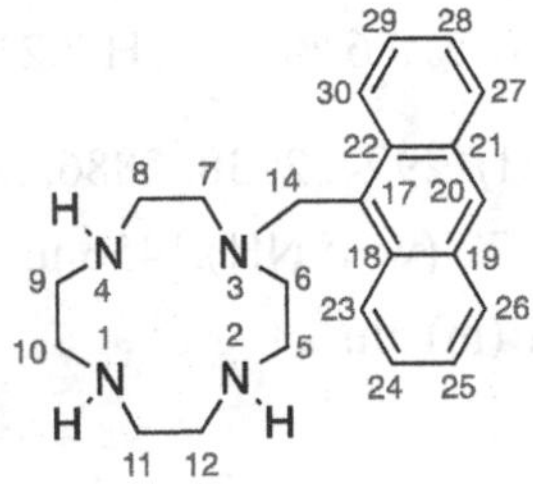

^{1}H-NMR (D_2O, 400 MHz): 2.73 – 2.91 (m, 16 H, NCH_2), 4.32 (s, 2 H, CH_2^{14}), 7.54 (dt, J = 34.3 u. 7.3 Hz, 4 H, Ar-$H^{24,25,28,29}$), 7.97 (m, 4 H, Ar-$H^{23,26,27,30}$), 8.36 (s, 1 H, Ar-H^{17}) ppm.

^{13}C-NMR (D_2O, 100 MHz): 41.67, 42.05 u. 43.80 (NC), 49.53 ($NC^{6,7}$), 49.71 (C^{14}), 122.76, 125.46, 127.43, 129.82, 130.11 u. 131.01 (Ar-C) ppm.

C,H,N,S-An.	gefunden:	C 50.88 %	H 7.23 % N 9.64 %
	berechnet:	C 50.84 %	H 6.86 % N 10.31 %

IR (fest) $\tilde{\nu}$ = 3399 (w, ν NH), 2956, 2591 u. 2418 (m, ν CH_2 u. Ar-H), 1624 u. 1593 (w, δ NH),1495 u. 1446 (s, δ CH_2), 1029 (m), 736 (s) cm^{-1}.

[1] vgl. auch Diskussion unter 2.1.4

1,7-Bis(tert-butyloxycarbonyl)-1,4,7,10-tetraazacyclododecan

8 + 23 —CHCl3→ 24

8	23	24
$C_8H_{20}N_4$	$C_9H_{13}NO_5$	$C_{18}H_{36}N_4O_4$
172.27	215.20	372.50

Ansatz 1,4,7,10-Tetraazacyclododecan (**8**) 0.7130 g (4.14 mmol)
N-(*tert*-Butyloxycarbonyloxy)succinimid (**24**) 1.7810 g (8.28 mmol)
Chloroform 35 mL

Durchführung

Cyclen **8** wurde unter Argon in 35 mL abs. Chloroform gelöst und Verbindung **23** hinzugegeben. Es wurde für 67 Stunden bei Raumtemperatur gerührt und daraufhin das Lösungsmittel im Vakuum entfernt. Der Rückstand wurde in 30 mL 3 M NaOH-Lösung aufgenommen, mit Chloroform (3 × 30 mL) extrahiert und die organische Phase über Kaliumcarbonat getrocknet. Das Lösungsmittel wurde im Vakuum entfernt und der Rückstand im Hochvakuum über Nacht getrocknet.

Ausbeute 1.5 g (4.03 mmol) 97 % **Lit.** 99 %[49]

Habitus weißer Feststoff

^{1}H-NMR ($CDCl_3$, 400 MHz): 1.43 (s, 18 H, CH_3), 2.74 – 2.91 (m, 8 H, CH_2), 3.26 – 3.42 (m, 8 H, CH_2) ppm.

4.2.16 1,7-Bis(9-anthracenmethyl)-4,10-bis(tert-butyloxycarbonyl)-1,4,7,10-tetraazacyclododecan

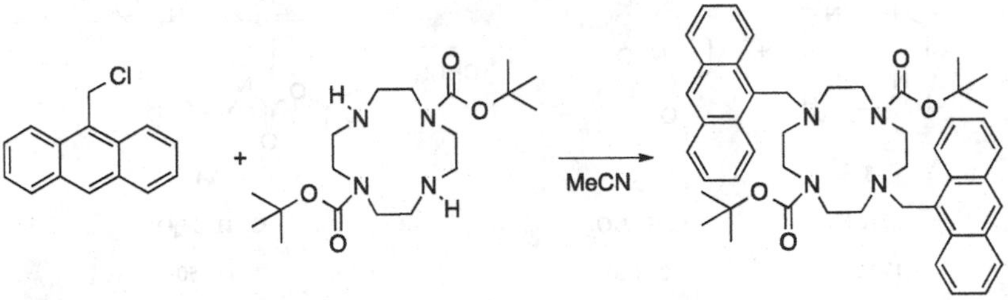

MeCN

21	24	25
$C_{15}H_{11}Cl$	$C_{18}H_{36}N_4O_4$	$C_{48}H_{56}N_4O_4$
226.70	372.50	752.98

Ansatz	9-(Chloromethyl)anthracen (**21**)	0.4741 g (2.09 mmol)
	geschütztes Cyclen **24**	0.3890 g (1.04 mmol)
	Kaliumcarbonat	1.3853 g (10.0 mmol)
	abs. Acetonitril	15 mL

Durchführung

Unter Argonatmosphäre wurden Verbindung **21**, das geschütze Cyclenderivat **24** und Kaliumcarbonat in Acetonitil vorgelegt und unter Rühren für 14 Stunden zum Rückfluss erhitzt. Nach beendeter Reaktionszeit wurde das Lösungsmittel im Vakuum entfernt, der Rückstand in Wasser gelöst und mit Chloroform (3 × 50 mL) extrahiert. Die organische Phase wurde über Natriumsulfat getrocknet und das Lösungsmittel im Vakuum entfernt. Das Rohprodukt wurde über Säulenchromatographie an Kieselgel (Eluent $CHCl_3$/MeOH, 10/1) aufgereinigt.

Ausbeute 0.4140 g (0.55 mmol) 53 %

Habitus oranger Feststoff

Schmelzpunkt 199.8 °C

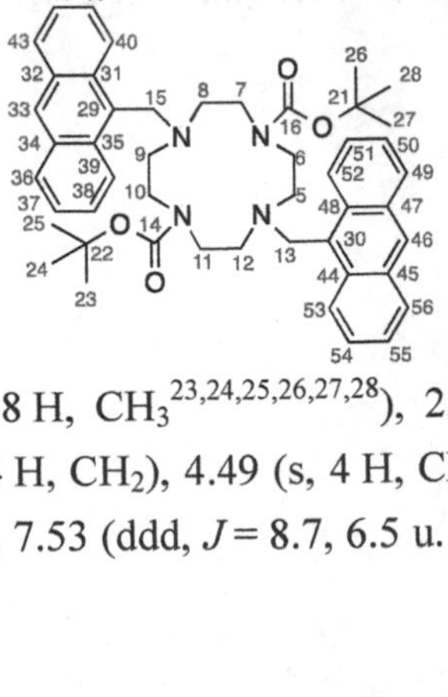

^{1}H-NMR (CD_2Cl_2, 500 MHz): 1.06 (s, 18 H, $CH_3^{23,24,25,26,27,28}$), 2.67 (br, 8 H, CH_2), 3.10 (br, 4 H, CH_2), 3.26 (br, 4 H, CH_2), 4.49 (s, 4 H, $CH_2^{13,15}$), 7.47 (ddd, J = 7.5, 6.5 u. 1 Hz, 4 H, Ar-H), 7.53 (ddd, J = 8.7, 6.5 u. 1.3 Hz,

4 H, Ar-H), 7.98 – 8.01 (m, 4 H, Ar-H), 8.41 (s, 2 H, Ar-$H^{33,46}$), 8.49 (d, 4 H, Ar-H) ppm.

^{13}C-NMR (CD_2Cl_2, 150 MHz): 28.43 ($C^{23,24,25,26,27,28}$), 44.93 ($C^{6,7,10,11}$), 49.53 ($C^{5,8,9,12}$), 55.82 ($C^{13,15}$), 79.30 ($C^{21,22}$), 125.39 (Ar-C), 125.84 (Ar-C), 126.15 (Ar-C), 128.02 (Ar-C), 129.44 (Ar-C), 130.67 (Ar-$C^{31,35,44,48}$), 131.87 (Ar-$C^{32,34,45,47}$), 132.00 (Ar-$C^{29,30}$), 156.00 ($C^{14,18}$) ppm.
MS (ESI)m/z: 753.4307, berechnet für $[C_{48}H_{56}N_4O_4 + H]^+$ 753.4374.

4.2.17 1,7-Bis(9-anthracenmethyl)-1,4,7,10-tetraazacyclododecan

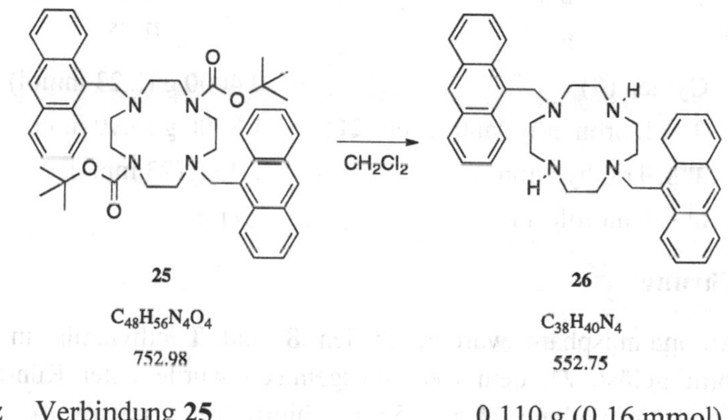

Ansatz	Verbindung **25**	0.110 g (0.16 mmol)
	TFA	200 µL
	Dichlormethan	8 mL

Durchführung

Das geschützte Cyclenderivat **25** wurde in Dichlormethan gelöst und Trifluoressigsäure hinzugegeben. Es wurde für 26 Stunden gerührt und der ausgefallene Feststoff abfiltriert. Weder beim Filtrat noch beim zurückbleibenden Feststoff handelte es sich um das gewünschte Produkt **26**.

4.2.18 1,4,7-Tris(9-anthracenmethyl)-1,4,7,10-tetraazacyclododecan

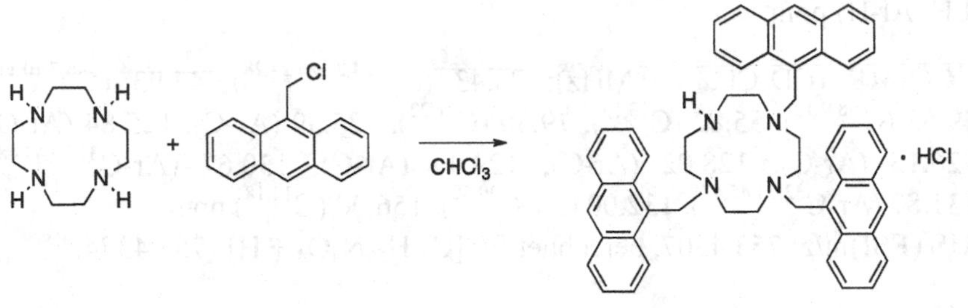

$CHCl_3$

8	21	27
$C_8H_{20}N_4$	$C_{15}H_{11}Cl$	$C_{53}H_{50}N_4 \cdot HCl$
172.27	226.70	779.45

Ansatz	Cyclen (**8**)	0.4000 g (2.23 mmol)
	9-(Chloromethyl)anthracen (**21**)	1.8400 g (6.90 mmol)
	abs. Triethylamin	2.43 g (23 mmol)
	abs. Chloroform	55 mL

Durchführung

Unter Argonatmosphäre wurden Cyclen **8** und Triethylamin in 40 mL Chloroform gelöst. Zu dem Reaktionsgemisch wurde unter Rühren eine Lösung von Verbindung **21** in 15 mL Chloroform tropfenweise über 30 Minuten hinzugegeben und nach vollständiger Zugabe für weitere 14 Stunden gerührt. Es wurde mit Wasser (3 x 50 mL) gewaschen, über Natriumsulfat getrocknet und das Lösungsmittel im Vakuum entfernt. Das Rohprodukt wurde über Säulenchromatographie an Kieselgel (Eluent $CHCl_3$/MeOH, 10/1) aufgereinigt.

Ausbeute 0.2665 g (0.34 mmol) 15 %

Habitus oranger Feststoff

Schmelzpunkt 204 °C

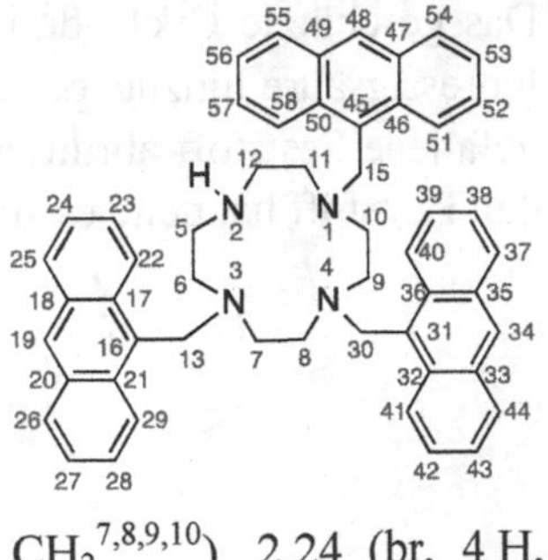

^{1}**H-NMR** (CD_2Cl_2, 500 MHz): 2.06 (br, 8 H, $CH_2^{7,8,9,10}$), 2.24 (br, 4 H, $CH_2^{5,12}$), 2.52 (br, 4 H, $CH_2^{6,11}$), 3.59 (s, 2 H, CH_2^{30}), 4.39 (s, 4 H, $CH_2^{13,15}$),

7.40 – 7.45 (m, 4 H, Ar-H), 7.47 – 7.51 (m, 2 H, Ar-H), 7.54 – 7.59 (m, 9 H, Ar-H), 7.92 – 8.05 (m, 9 H, Ar-H), 8.36 - 8.43 (m, 7 H, Ar-H) ppm.
^{13}C-NMR (CD_2Cl_2, 125 MHz): 43.28 ($C^{5,12}$), 49.88 ($C^{7,8,9,10}$), 52.04 ($C^{6,11}$), 57.98 ($C^{13,15,30}$), 124.79, 125.20, 125.51, 125.81, 127.04, 127.81, 128.60, 128.69, 128.80 (Ar-C^{31}), 129.54 (Ar-$C^{16,45}$), 129.66, 129.68, 131.38 (Ar-$C^{32,36}$), 131.61 (Ar-$C^{17,21,46,50}$), 131.69 (Ar-$C^{33,35}$), 131.86 (Ar-$C^{18,20,47,49}$) ppm.
MS (ESI) m/z: 743.4093, berechnet für $[C_{53}H_{50}N_4 + H]^+$ 743.4108.

C,H,N,S-An.	gefunden:	C 77.79 %	H 6.58 %	N 6.34 %
	berechnet:	C 77.38 %	H 6.29 %	N 6.75 %[2]

IR (fest) $\tilde{\nu}$ = 3047 (w, ν NH), 2840 (w, ν CH_2), 1669 u. 1662 (w, δ NH), 1444 (m, δ CH_2), 1334 (m), 1016 (m,) 886 (m), 730 (s) cm^{-1}.

4.3 Synthese der Kupferkomplexe

4.3.1 Synthese von $[Cu([12]aneN_4)(NO_3)_2]$

Cyclen + $Cu(NO_3)_2 \cdot 3\,H_2O$ —MeOH→ $[Cu([12]aneN_4)]^{2+}$ 2 NO_3^-

8	28	29
$C_8H_{20}N_4$	$Cu(NO_3)_2 \cdot 3\,H_2O$	$C_8H_{20}CuN_6O_6$
172.27	241.60	359.83

Ansatz	Cyclen (**8**)	0.1030 g (0.60 mmol)
	Kupfer(II)nitrat-Trihydrat (**28**)	0.1444 g (0.60 mmol)
	Methanol	3 mL

[2] berechnet für $C_{53}H_{51}ClN_4$ □ 0.1 MeOH □ 0.4 $CHCl_3$

Durchführung

Zu einer Lösung von Cyclen **8** in 1 mL Methanol wurde über eine Spritze eine Lösung des Kupfersalzes **28** zügig hinzugegeben. Das Reaktionsgemisch wurde für 10 Minuten unter Rühren zum Rückfluss gekocht und dann das Produkt **29** unter Kühlung bei -19 °C auskristallisiert. Die Kristalle wurden abfiltriert, mit Ethanol gewaschen und im Vakuum getrocknet.

Ausbeute 0.1310 g (0.36 mmol) 60 %

Habitus blaue Nadeln

MS (ESI) m/z: 234.0908, berechnet für $[C_8H_{20}CuN_4 - H]^+$ 234.0900.

C,H,N,S-An.				
	gefunden:	C 26.79 %	H 5.65 %	N 23.31 %
	berechnet:	C 26.70 %	H 5.60 %	N 23.36 %

IR (fest) $\tilde{\nu}$ = 3232 (m, ν NH), 2928 u. 2881 (w, ν CH_2), 1425 (m, δ CH_2), 1300 (s, ν NO_3^-), 1078, 981, 812 cm^{-1}.

UV/VIS 600 nm (ε = 275.0 L mol^{-1} cm^{-1})

4.3.2 Synthese von $[Cu([12]aneN_3O)(NO_3)_2]$

+ $Cu(NO_3)_2 \cdot 3\,H_2O$ → MeOH → Cu^{2+} 2 NO_3^-

30	**28**	**29**
$C_8H_{19}N_3O$	$Cu(NO_3)_2 \cdot 3\,H_2O$	$[Cu(C_8H_{19}N_3O)(NO_3)_2]$
173.60	241.60	360.81

Ansatz		
	1-Oxa-4,7,10-triazacyclododecan (**30**)	0.1102 g (0.64 mmol)
	Kupfer(II)nitrat-Trihydrat (**28**)	0.1546 g (0.65 mmol)
	Methanol	3 mL

Durchführung

Zu einer Lösung von Oxacyclen **30** in 1 mL Methanol wurde über eine Spritze eine Lösung des Kupfersalzes **28** zügig hinzugegeben. Das Reaktionsgemisch wurde für 10 Minuten unter Rühren zum Rückfluss gekocht und dann das Produkt **31** unter Kühlung bei -19 °C auskristallisiert. Die Kristalle wurden abfiltriert, mit Ethanol gewaschen und im Vakuum getrocknet.

Kristalle für die Röntgenstrukturanalyse wurden durch Überschichten einer methanolischen Lösung des Komplexes **31** mit Diethylether erhalten. Hierfür wurde eine Spatelspitze des Komplexes in 1 mL Methanol gelöst und in ein halbes NMR-Röhrchen gefüllt. Dieses wurde in ein verschlossenes Schraubdeckelgläschen mit 2 mL Diethylether gestellt. Nach circa 24 Stunden bildeten sich Kristalle am Rand des NMR-Röhrchens.

Ausbeute 0.1440 g (0.40 mmol) 63 %

Habitus hellblaue Nadeln

MS (ESI) m/z: 235.0748, berechnet für $[C_8H_{19}CuN_3O - H]^+$ 235.0745.

C,H,N,S-An.				
	gefunden:	C 26.64 %	H 5.34 %	N 19.42 %
	berechnet:	C 26.63 %	H 5.31 %	N 19.41 %

IR (fest) $\tilde{\nu}$ = 3209 u. 3156 (w, ν NH), 2940 u. 2892 (w, ν CH_2), 1746 (vw, δ NH), 1483 (m, δ CH_2), 1316 u. 1278 (s, ν NO_3^-), 1002 (s), 865 (m), 824 (m) cm^{-1}.

UV/VIS 711 nm (ε = 179.5 L mol^{-1} cm^{-1})

4.3.3 Synthese von $[Cu([12]aneN_3S)(NO_3)_2]$

$[12]aneN_3S$ + $Cu(NO_3)_2 \cdot 3\,H_2O$ $\xrightarrow{MeOH}$ $[Cu([12]aneN_3S)]^{2+}$ $2\,NO_3^-$

15	**28**	**32**
$C_8H_{19}N_3S$	$Cu(NO_3)_2 \cdot 3\,H_2O$	$[Cu(C_8H_{19}N_3S)(NO_3)_2]$
189.32	241.60	376.88

Ansatz	1-Thia-4,7,10-triazacyclododecan (**15**)	0.0708 g (0.37 mmol)
	Kupfer(II)nitrat-Trihydrat (**28**)	0.0932 g (0.39 mmol)
	Methanol	3 mL

Durchführung

Zu einer Lösung von Thiacyclen **15** in 1 mL Methanol wurde über eine Spritze eine Lösung des Kupfersalzes **28** zügig hinzugegeben. Das Reaktionsgemisch wurde für 10 Minuten unter Rühren zum Rückfluss gekocht und dann das Produkt **32** unter Kühlung bei -19 °C auskristallisiert. Die Kristalle wurden abfiltriert, mit Ethanol gewaschen und im Vakuum getrocknet.

Kristalle für die Röntgenstrukturanalyse wurden durch Überschichten einer methanolischen Lösung des Komplexes **32** mit Diethylether erhalten. Hierfür wurde eine Spatelspitze des Komplexes in 1 mL Methanol gelöst und in ein halbes NMR-Röhrchen gefüllt. Dieses wurde in ein verschlossenes Schraubdeckelgläschen mit 2 mL Diethylether gestellt. Nach circa 24 Stunden bildeten sich Kristalle am Rand des NMR-Röhrchens.

Ausbeute 0.0560 g (0.15 mmol) 40 %

Habitus dunkelblaue bis purpurfarbende Nadeln

MS (ESI) m/z: 251.0513, berechnet für $[C_8H_{19}CuN_3S - H]^+$ 251.0512.

C,H,N,S-An.				
gefunden:	C 25.60 %	H 5.14 %	N 18.53 %	S 8.51 %
berechnet:	C 25.50 %	H 5.08 %	N 18.58 %	S 8.51 %

IR (fest) $\tilde{\nu}$ = 3216 u. 3137 (w, ν NH), 2978, 2923 u. 2871 (w, ν CH_2), 1740 (vw, δ NH), 1427 u. 1388 (m, δ CH_2), 1297 (s, ν NO_3^-), 1099 (m) cm^{-1}.

UV/VIS 621 nm (ε = 396.6 L mol^{-1} cm^{-1})

4.3.4 *Synthese von $[Cu([12]aneN_2OS)(NO_3)_2]$*

$$C_8H_{18}N_2OS + Cu(NO_3)_2 \cdot 3\,H_2O \xrightarrow{MeOH} [Cu([12]aneN_2OS)]^{2+}\ 2\,NO_3^-$$

18	**28**	**33**
$C_8H_{18}N_2OS$	$Cu(NO_3)_2 \cdot 3\,H_2O$	$[Cu(C_8H_{18}N_2OS)(NO_3)_2]$
190.31	241.60	377.86

Ansatz 1-Oxa-7-thia-4,10-triazacyclododecan (**15**) 0.1199 g (0.63 mmol)
Kupfer(II)nitrat-Trihydrat (**28**) 0.1582 g (0.65 mmol)

Methanol 3 mL

Durchführung

Zu einer Lösung von Oxathiacyclen **18** in 1 mL Methanol wurde über eine Spritze eine Lösung des Kupfersalzes **28** zügig hinzugegeben. Das Reaktionsgemisch wurde für 10 Minuten unter Rühren zum Rückfluss gekocht und dann das Produkt **33** durch Zugabe von Diethylether ausgefällt. Der Feststoff wurde über Zentrifugation von der Lösung getrennt, mit Ethanol gewaschen und im Vakuum getrocknet.

Ausbeute 0.1027 g (0.27 mmol) 43 %

Habitus türkiser Feststoff

MS (ESI) m/z: 315.0309, berechnet für $[C_8H_{18}CuN_4O_7S - NO_3^-]^+$ 251.0512.

C,H,N,S-An.				
gefunden:	C 25.06 %	H 4.81 %	N 14.68 %	S 8.37 %
berechnet:	C 25.43 %	H 4.80 %	N 14.83 %	S 8.49 %

IR (fest) $\tilde{\nu}$ = 3245 (m, ν NH), 2935 u. 2885 (w, ν CH2), 1746 u. 1624 (vw, δ NH), 1460, 1433 u. 1378 (m, δ CH_2), 1280 (s, ν NO_3^-), 1026 (s), 814 (m) cm^{-1}.

UV/VIS 658 nm (ε = 61.6 L mol^{-1} cm^{-1})

4.3.5 Synthese von Anthrachinonmethyl-substituiertem $[Cu([12]aneN_4)(NO_3)_2]$

$\cdot$ 3 HCl + $Cu(NO_3)_2 \cdot 3\,H_2O$ → (MeOH) Cu^{2+} 2 NO_3^-

34	**28**	**35**
$C_{23}H_{28}N_4O_2 \cdot 3\,HCl$	$Cu(NO_3)_2 \cdot 3H_2O$	$[Cu(C_{23}H_{28}N_4O_2)(NO_3)_2]$
501.88	241.60	580.05

Ansatz 1-(2-Anthrachinonmethyl)-1,4,7,10-tetraaza cyclododecan (**34**) 0.2500 g (0.50 mmol)

Kupfer(II)nitrat-Trihydrat (**28**) 0.1228 g (0.51 mmol)

Methanol	3.5 mL

Durchführung

Um den Liganden aus dem Hydrochloridsalz **34** freizusetzen wurde dieses zunächst in 6 mL Wasser aufgenommen. Der pH-Wert der Lösung wurde durch Zugabe von konzentrierter Natronlauge auf pH 14 eingestellt, die Lösung mit Chloroform extrahiert (3 x 15 mL) und die organische Phase über Natriumsulfat getrocknet. Das Lösungsmittel wurde im Vakuum entfernt und das zurückbleibende Öl in 1.5 mL Methanol aufgenommen. Zu der Lösung des Liganden wurde eine Lösung von **28** in 2 mL Methanol zügig hinzugegeben und das Gemisch unter Rühren für 10 Minuten zum Rückfluss erhitzt. Der Komplex **35** wurde bei -19 °C auskristallisiert, daraufhin abfiltriert und im Vakuum getrocknet.

Ausbeute 0.0552 g (0.10 mmol) 20 %

Habitus jeansblauer Feststoff

MS (ESI) m/z: 517.1468, berechnet für $[C_{23}H_{28}CuN_6O_8\text{-}NO_3^-]^+$ 517.1392.

C,H,N,S-An.			
gefunden:	C 43.54 %	H 5.25 %	N 13.38 %
berechnet:	C 43.63 %	H 5.40 %	N 13.27 %[3]

IR (fest) $\tilde{\nu}$ = 3391 (vw, ν H_2O), 3251 u. 3204 (vw, ν Ar-H), 2943 u. 2884 (w, ν CH_2), 1675 (s, ν CO), 1590 (m, δ CH2), 1322 u. 1298 (vs, ν NO_3^-), 1078 (m), 711 (m), 691 (m) cm^{-1}.

UV/VIS 618 nm (ε = 315.2 L mol^{-1} cm^{-1})

[3] berechnet für $C_{23}H_{28}CuN_6O_8$ □ 2.95 H_2O

4.3.6 Synthese von Napthalinmethyl-substituiertem [Cu([12]aneN_4)(NO_3)$_2$]

· 3.5 HCl + $Cu(NO_3)_2 \cdot 3\,H_2O$ —MeOH→ Cu^{2+} 2 NO_3^-

20	**28**	**36**
$C_{19}H_{28}N_4 \cdot 3.5\,HCl$	$Cu(NO_3)_2 \cdot 3\,H_2O$	$[Cu(C_{19}H_{28}N_4)(NO_3)_2]$
439.06	241.60	500.01

Ansatz 1-(2-Naphthalinmethyl)-1,4,7,10 tetraaza-

	cyclododecan (**20**)	0.1000 g (0.23 mmol)
	Kupfer(II)nitrat-Trihydrat (**28**)	0.0670 g (0.23 mmol)
	Methanol	3 mL

Durchführung

Das Hydrochloridsalz **20** wurde zunächst in 10 mL Wasser aufgenommen und der pH-Wert der Lösung durch Zugabe von konzentrierter Natronlauge auf pH 14 eingestellt. Die Lösung wurde mit Chloroform extrahiert (3 × 15 mL) und die organische Phase über Natriumsulfat getrocknet. Das Lösungsmittel wurde im Vakuum entfernt und das zurückbleibende weiße Öl (0.0286 g) in 1 mL Methanol aufgenommen. Zu der Lösung des Liganden wurde eine Lösung von Kupfernitrat 28 in 2 mL Methanol zügig hinzugegeben und das Gemisch unter Rühren für 10 Minuten zum Rückfluss erhitzt. Der Komplex **36** wurde bei -19 °C auskristallisiert, dann abfiltriert und im Vakuum getrocknet.

Ausbeute 0.0730 g (0.15 mmol) 63 %

Habitus dunkelblauer Feststoff

MS (ESI) m/z: 437.1586, berechnet für $[C_{19}H_{28}CuN_6O_6 - NO_3^-]^+$ 437.1483.

C,H,N,S-An.			
gefunden:	C 45.57 %	H 5.75 %	N 16.58 %
berechnet:	C 45.64 %	H 5.64 %	N 16.81 %

IR (fest) $\tilde{\nu}$ = 3181 (m, ν Ar-H), 2910 u. 2824 (w, ν CH_2), 2455 (w), 1590 u. 1500 (w, ν C=C), 1411 (w, δ CH_2), 1300 (vs, ν NO_3^-), 988 (m), 839 (m), 786 (m) cm^{-1}.

UV/VIS 610 nm (ε = 305.0 L mol^{-1} cm^{-1})

4.3.7 Synthese von Anthracenmethyl-substituiertem [Cu([12]aneN$_4$)(NO$_3$)$_2$]

$\cdot$ 4 HCl $\cdot$ 2 H_2O + $Cu(NO_3)_2 \cdot 3\,H_2O$ —MeOH→ Cu^{2+} 2 NO_3^-

22	28	37
$C_{23}H_{30}N_4 \cdot 4\,HCl \cdot 2\,H_2O$	$Cu(NO_3)_2 \cdot 3H_2O$	$C_{23}H_{30}CuN_6O_6$
543.38	241.60	550.07

Ansatz		
	1-(9-Anthracenmethyl)-1,4,7,10 tetraaza-cyclododecan (**20**)	0.1700 g (0.31 mmol)
	Kupfer(II)nitrat-Trihydrat (**28**)	0.0970 g (0.40 mmol)
	Methanol	3 mL

Durchführung

Das Hydrochloridsalz **22** wurde zunächst in 10 mL Wasser aufgenommen und der pH-Wert der Lösung durch Zugabe von konzentrierter Natronlauge auf pH 14 eingestellt. Die Lösung wurde mit Chloroform extrahiert (3 x 15 mL) und die organische Phase über Natriumsulfat getrocknet. Das Lösungsmittel wurde im Vakuum entfernt und das zurückbleibende gelbe Öl (0.0812 g) in 1 mL Methanol aufgenommen. Zu der Lösung des Liganden wurde eine Lösung von Kupfernitrat **28** in 2 mL Methanol zügig hinzugegeben und das Gemisch unter Rühren für 10 Minuten zum Rückfluss erhitzt. Der Komplex **37** wurde bei -19 °C auskristallisiert, anschließend abfiltriert, mit etwas Ethanol gewaschen und im Vakuum getrocknet.

Ausbeute 0.0495 g (0.09 mmol) 29 %

Habitus dunkelblauer Feststoff

MS (ESI) m/z: 424.1753, berechnet für [$C_{23}H_{30}CuN_4$ - NO_3^-]$^+$ 424.1677.

C,H,N,S-An. gefunden: C 50.08 % H 5.58 % N 14.92 %

berechnet: C 50.22 % H 5.50 % N 15.28 %

IR (fest) $\tilde{\nu}$ = 3399 (m, ν Ar-H), 2956 (w, ν CH_2), 2591 u. 2418 (w), 1624 u. 1593 (w, ν C=C), 1446 u. 1383 (m, δ CH_2), 1262 (m, ν NO_3^-), 1029 (m), 958 (m), 736 (s) cm^{-1}.
UV/VIS 621 nm (ε = 323.7 L mol^{-1} cm^{-1})

4.3.8 Synthese von Tris(anthracenmethyl)-substituiertem $[Cu([12]aneN_4)(NO_3)_2]$

· HCl + $Cu(NO_3)_2 \cdot 3\,H_2O$ —MeOH→ Cu^{2+} 2 NO_3^-

27	**28**	**38**
$C_{53}H_{50}N_4 \cdot HCl$	$Cu(NO_3)_2 \cdot H_2O$	$[Cu(C_{53}H_{50}N_4)(NO_3)_2]$
779.45	241.60	930.55

Ansatz		
	Anthracen-substituiertes Cyclenderivat **27**	0.0690 g (0.09 mmol)
	Kupfer(II)nitrat-Trihydrat (**28**)	0.0400 g (0.17 mmol)
	Methanol	5 mL

Durchführung

Das Anthracen-substituierte Cyclenderivat **27** und Kupfernitrat **28** wurden gemeinsam in 5 mL Methanol gelöst. Unter Rühren wurde für 30 Minuten zum Rückfluss gekocht und dann der ausgefallene Komplex **38** abfiltriert, mit Ethanol gewaschen und der Feststoff im Vakuum getrocknet.
Ausbeute 0.0619 g (0.07 mmol) 74 %

Habitus grüner Feststoff

MS (ESI) m/z: 840.3111, berechnet für $[C_{53}H_{50}CuN_4 + Cl^-]^+$ 840.3014.

C,H,N,S-An. gefunden: C 68.13 % H 5.32 % N 8.35 %
berechnet: C 68.41 % H 5.42 % N 9.03 %

IR (fest) $\tilde{\nu}$ = 3160 (w, ν Ar-H), 3050 (w, ν CH_2), 2922 (w), 1624 (w, ν C=C), 1478 (m, δ CH_2), 1345 1327 u. 1297 (s, ν NO_3^-), 1035 (m) u. 1022 (m),916 (m), 737 u. 731 (s) cm^{-1}.
UV/VIS 654 nm (ε = 546.9 L mol^{-1} cm^{-1})

4.4 Synthese der Zinkkomplexe

4.4.1 Synthese von [Zn([12]aneN$_4$)Cl$_2$]

8 + $ZnCl_2$ (39) $\xrightarrow{EtOH}$ 40 (Zn^{2+}, 2 Cl^-)

8	39	40
$C_8H_{20}N_4$	$ZnCl_2$	$[Zn(C_8H_{20}N_4)Cl_2]$
172.27	136.29	308.56

Ansatz	Cyclen (**8**)	0.1991 g (1.16 mmol)
	Zink(II)chlorid	0.2000 g (1.45 mmol)
	Ethanol	30 mL

Durchführung

Zu einer Lösung von Cyclen **8** in 15 mL Ethanol wurde unter Rühren eine Lösung von Zinkchlorid **39** in 15 mL Ethanol zügig hinzugetropft. Es wurde für zwei Stunden gerührt, der ausgefallene weiße Komplex **40** abfiltriert, mit kaltem Ethanol gewaschen und über Nacht im Vakuum getrocknet.
Ausbeute0.2278 g (0.74 mmol) 64 %

Habitus weißes Pulver

^{1}H-NMR (D_2O, 500 MHz): 2.75 – 2.81 (m, 8 H, CH_2), 2.88 – 2.95 (m, 8 H, CH_2) ppm.

^{13}C-NMR (D_2O, 125 MHz): 43.89 ppm.

MS (ESI) m/z: 271.0709, berechnet für $[C_8H_{20}Cl_2N_4Zn - Cl^-]^+$ 271.0662.

C,H,N,S-An. gefunden: C 26.57 % H 5.64 % N 15.10 %

berechnet: C 26.14 % H 5.64 % N 14.52 %[4]

IR (fest) $\tilde{\nu}$ = 3275, 3242 u. 3167 (v, ν NH), 2918 u. 2872 (w, ν CH_2), 1481, 1445 u. 1461 (m, δ CH_2), 1378 u.1355 (w), 1282 u. 1245 (w), 1090 (s,) 1011, 984 u. 959 (s), 846 u. 809 (m) cm^{-1}.

4.4.2 Synthese von [Zn([12]aneN$_3$O)Cl$_2$]

+ $ZnCl_2$ → EtOH → Zn^{2+} 2 Cl^-

30	39	41
$C_8H_{19}N_3O$	$ZnCl_2$	$[Zn(C_8H_{19}N_3O)Cl_2]$
173.26	136.29	309.54

Ansatz	Oxacyclen (**30**)	0.2023 g (1.17 mmol)
	Zink(II)chlorid	0.2000 g (1.45 mmol)
	Ethanol	30 mL

Durchführung

Zu einer Lösung von Oxacyclen **30** in 15 mL Ethanol wurde unter Rühren eine Lösung von Zinkchlorid **39** in 15 mL Ethanol zügig hinzugetropft. Es wurde für zwei Stunden gerührt, der ausgefallene weiße Feststoff **41** abfiltriert, mit kaltem Ethanol gewaschen und über Nacht im Vakuum getrocknet.

Ausbeute 0.3291 g (1.06 mmol) 91 %

Habitus weißes Pulver

^{1}**H-NMR** (D_2O, 500 MHz): 2.75 (ddd, J = 13.3, 8.1 u. 4.0 Hz, 2 H, $CH_2^{8,9}$), 2.87 (ddd, J = 13.5, 6.6 u. 4.0 Hz, 2 H, $CH_2^{6,11}$), 2.92 – 3.00 (m, 4 H, $CH_2^{7,10}$), 3.05 (ddd, J = 13.3, 6.6 u. 4.1 Hz, 2 H, $CH_2^{8*,9*}$), 3.14 (ddd, J = 13.6, 7.9 u. 4.3 Hz, 2 H, $CH_2^{6*,11*}$), 3.77 (ddd, J = 11.4, 7.9 u. 3.7 Hz, 2 H, $CH_2^{5,12}$), 3.84 (ddd, J = 11.2, 5.8 u. 4.3 Hz, 2 H, $CH_2^{5*,12*}$) ppm.
^{13}**C-NMR** (D_2O, 125 MHz): 44.37 ($C^{8,9}$), 44.90 ($C^{7,10}$), 45.52($C^{6,11}$), 65.56 ($CH^{5,12}$) ppm.

---

[4] berechnet für $C_8H_{20}Cl_2N_4Zn$ □ 0.5 $ZnCl_2$ □ 0.2 CH_3CH_2OH

MS (ESI) m/z: 272.0556, berechnet für $[C_8H_{20}Cl_2N_3OZn - Cl^-]^+$ 272.0581.

C,H,N,S-An.	gefunden:	C 25.43 %	H 5.12 %	N 11.03 %
	berechnet:	C 25.44 %	H 5.07 %	N 11.13 %[5]

IR (fest) $\tilde{\nu}$ = 3237 (v, ν NH), 2929 u. 2886 (m, ν CH_2), 1483, 1448 (m, δ CH_2), 1355 (w), 1284 u. 1251 (w), 1090 (s,) 1011 u. 980 (s), 913, 862 u. 811 (m) cm^{-1}.

4.4.3 Synthese von $[Zn([12]aneN_3S)Cl_2]$

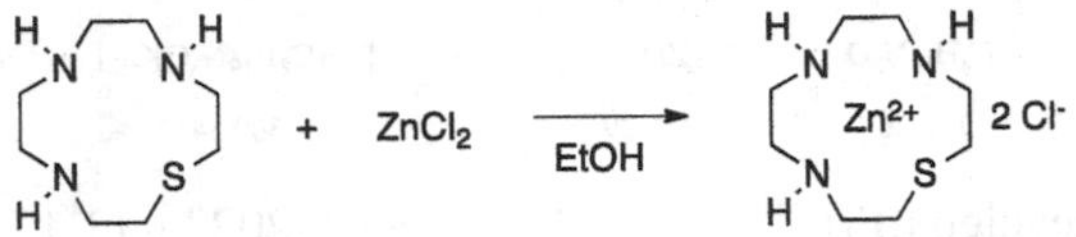

15	39	42
$C_8H_{19}N_3O$	$ZnCl_2$	$[Zn(C_8H_{19}N_3S)Cl_2]$
189.32	136.29	325.61

Ansatz	Thiacyclen (**30**)	0.0145 g (0.08 mmol)
	Zink(II)chlorid	0.0200 g (0.15 mmol)
	Ethanol	3 mL

Durchführung

Zu einer Lösung von Thiacyclen **30** in 2 mL Ethanol wurde unter Rühren eine Lösung von Zinkchlorid **39** in 1 mL Ethanol zügig hinzugetropft. Die Lösung wurde für zwei Stunden gerührt, in Eppendorfgefäße überführt und bei 300 rpm für ungefähr eine Minute zentrifugiert. Der Überstand wurde dekantiert und der Feststoff **42** weitere zweimal in kaltem Ethanol suspendiert und erneut zentrifugiert. Nach dem Waschen wurde der Komplex **42** im Vakuum getrocknet.

Ausbeute 0.3291 g (1.06 mmol) 91 %

Habitus weißes Pulver

^{1}H-NMR (D_2O, 400 MHz): 2.70 – 3.08 (m, 16 H, CH_2) ppm.

---

[5] berechnet für $C_8H_{20}Cl_2N_3OZn$ □ 0.5 $ZnCl_2$

^{13}**C-NMR** (D_2O, 100 MHz): 30.49 (SCH2), 43.69 , 44.11, 45.16 ppm.

MS (ESI) m/z: 288.0333, berechnet für $[C_8H_{20}Cl_2N_3SZn - Cl^-]^+$ 288.0269.

C,H,N,S-An.	C	H	N	S
gefunden:	C 24.52 %	H 4.89 %	N 10.43 %	S 7.53 %
berechnet:	C 24.78 %	H 5.01 %	N 10.02 %	S 7.78 %[6]

IR (fest) $\tilde{\nu}$ = 3228 (s, ν NH), 2915 u. 2874 (m, ν CH_2), 1447 (m, δ CH_2), 1363 (w), 1290 (m), 1089 u. 1075 (s,) 994 u. 951 (s), 831 u. 797 (m) cm^{-1}.

4.4.4 Synthese von [Zn([12]aneN$_2$OS)Cl$_2$]

18 + $ZnCl_2$ (39) $\xrightarrow{EtOH}$ 43 (Zn^{2+}, 2 Cl^-)

18	39	43
$C_8H_{18}N_2OS$	$ZnCl_2$	$[Zn(C_8H_{18}N_2OS)Cl_2]$
190.31	136.29	326.58

Ansatz		
	Oxathiacyclen (**30**)	0.1614 g (0.85 mmol)
	Zink(II)chlorid	0.1164 g (1.21 mmol)
	Ethanol	30 mL

Durchführung

Zu einer Lösung von Oxathiacyclen **18** in 15 mL Methanol wurde unter Rühren eine Lösung von Zinkchlorid **39** in 15 mL Methanol zügig hinzugetropft. Es wurde für eine Stunde gerührt und der Komplex **43** bei -19 °C ausgefällt. Der Festoff wurde abfiltriert, mit kaltem Ethanol gewaschen und im Vakuum getrocknet.

Ausbeute 0.0706 g (0.22 mmol) 25 %

Habitus weißes Pulver

^{1}**H-NMR** (D_2O, 500 MHz): 2.92 – 3.00 (m, 2 H, $CH_2^{5,12}$), 3.00 – 3.09 (m, 6 H, $CH_2^{5*,6,6*,11,11*,12*}$), 3.09 – 3.13 (m, 2 H, $CH_2^{7,10}$), 3.21 (ddd, J= 13.6,

[6] berechnet für $C_8H_{20}Cl_2N_3SZn$ □ 0.55 $ZnCl_2$

7.6 u. 4.1 Hz, 2 H, $CH_2^{7*,10*}$), 3.84 (ddd, J = 11.5, 7.6 u. 3.6 Hz, 2 H, $CH_2^{8,9}$), 3.95 (ddd, J = 11.6, 6.2 u. 4.1 Hz, 2 H, $CH_2^{8*,9*}$) ppm.
^{13}C-NMR (D_2O, 125 MHz): 31.00 ($C^{5,12}$), 44.50 ($C^{6,11}$) , 45.87 ($C^{7,10}$), 65.55 ($C^{8,9}$) ppm.

MS (ESI) m/z: 289.0154, berechnet für $[C_8H_{18}Cl_2N_2OSZn - Cl^-]^+$ 289.0109.

C,H,N,S-An.			
gefunden:	C 24.25 %	H 4.59 % N 6.79 % S 7.70 %	
berechnet:	C 24.50 %	H 4.65 % N 7.06 % S 8.07 %[7]	

IR (fest) $\tilde{\nu}$ = 3207 u. 3188 (s, ν NH), 2928 u. 2884 (w, ν CH_2), 1616 (w, δ NH) 1464, 1477 u. 1414 (m, δ CH_2), 1292 u. 1261 (s), 1081 u. 1050 (s), 973 (s), 903 (m), 827 (m) cm^{-1}.

[7] berechnet für $C_8H_{18}Cl_2N_3OSZn$ □ 0.5 $ZnCl_2$ □ 0.05 CH_3CH_2OH

Literaturverzeichnis

1. F. H. Westheimer, *Science*, 1987, **235**, 1173–1178.
2. N. H. Williams, B. Takasaki, M. Wall, and J. Chin, *Acc. Chem. Res.*, 1999, **32**, 485–493.
3. J. C. Wang, *Nat. Rev. Mol. Cell Biol.*, 2002, **3**, 430–440.
4. H. W. Boyer, *Annu. Rev. Microbiol.*, 1971, **25**, 153–176.
5. K. Samejima and W. C. Earnshaw, *Nat. Rev. Mol. Cell Biol.*, 2005, **6**, 677–688.
6. F. Mancin, P. Scrimin, and P. Tecilla, *Chem. Commun.*, 2012, **48**, 5545–5559.
7. F. Mancin, P. Scrimin, P. Tecilla, and U. Tonellato, *Chem. Commun.*, 2005, 2540–2548.
8. N. Graf and S. J. Lippard, *Adv. Drug. Deliv. Rev.*, 2012, 993–1004.
9. N. Sträter, W. N. Lipscomb, T. Klabunde, and B. Krebs, *Angew. Chem. Int. Ed. Engl.*, 1996, **35**, 2024–2055.
10. X. Chen, J. Fan, X. Peng, J. Wang, S. Sun, R. Zhang, T. Wu, F. Zhang, J. Liu, F. Wang, and S. Ma, *Bioorg. Med. Chem. Lett.*, 2009, **19**, 4139–4142.
11. P. U. Maheswari, S. Barends, S. Özalp-Yaman, P. de Hoog, H. Casellas, S. J. Teat, C. Massera, M. Lutz, A. L. Spek, G. P. van Wezel, P. Gamez, and J. Reedijk, *Chem. Eur. J.*, 2007, **13**, 5213–5222.
12. W. Knapp Pogozelski and T. D. Tullius, *Chem. Rev.*, 1998, **98**, 1089–1108.
13. C. J. Burrows and J. G. Muller, *Chem. Rev.*, 1998, **98**, 1109–1152.
14. S. Steenken, *Chem. Rev.*, 1989, **89**, 503–520.
15. D. S. Sigman, D. R. Graham, V. D'Aurora, and A. M. Stern, *J. Biol. Chem.*, 1979, **254**, 12269–12272.
16. M. M. Meijler, O. Zelenko, and D. S. Sigman, *J. Am. Chem. Soc.*, 1997, **119**, 1135–1136.
17. H. Stetter and K.-H. Mayer, *Chem. Ber.*, 1961, **94**, 1410–1416.
18. J. E. Richman and T. J. Atkins, *J. Am. Chem. Soc.*, 1974, **96**, 2268–2270.
19. M. Suchý and R. H. E. Hudson, *Eur. J. Org. Chem.*, 2008, **2008**, 4847–4865.

20. J. C. Dabrowiak, in *Metals in Medicine*, John Wiley & Sons, New York, 2009, pp. 266–270.
21. J. Geduhn, T. Walenzyk, and B. König, *Curr. Org. Synth.*, 2007, **4**, 390–412.
22. B. Gruber, E. Kataev, J. Aschenbrenner, S. Stadlbauer, and B. König, *J. Am. Chem. Soc.*, 2011, **133**, 20704–20707.
23. M. Subat, K. Woinaroschy, C. Gerstl, B. Sarkar, W. Kaim, and B. König, *Inorg. Chem.*, 2008, **47**, 4661–4668.
24. A. Bencini, E. Berni, A. Bianchi, C. Giorgi, B. Valtancoli, D. Kumar Chand, and H.-J. Schneider, *Dalton Trans.*, 2003, 793–800.
25. J. Li, Y. Yue, J. Zhang, Q.-S. Lu, K. Li, Y. Huang, Z.-W. Zhang, H.-H. Lin, N. Wang, and X.-Q. Yu, *Transition Met. Chem.*, 2008, **33**, 759–765.
26. E. Kikuta, M. Murata, N. Katsube, T. Koike, and E. Kimura, *J. Am. Chem. Soc.*, 1999, **121**, 5426–5436.
27. C. S. Rossiter, R. A. Mathews, and J. R. Morrow, *J. Inorg. Biochem.*, 2007, **101**, 925–934.
28. X.-Y. Wang, J. Zhang, K. Li, N. Jiang, S.-Y. Chen, H.-H. Lin, Y. Huang, L.-J. Ma, and X.-Q. Yu, *Bioorg. Med. Chem.*, 2006, **14**, 6745–6751.
29. Y. Zhang, Y. Huang, J. Zhang, D.-W. Zhang, J.-L. Liu, Q. Liu, H.-H. Lin, and X.-Q. Yu, *Sci. China Chem.*, 2011, **54**, 129–136.
30. M.-Q. Wang, J. Zhang, Y. Zhang, D.-W. Zhang, Q. Liu, J.-L. Liu, H.-H. Lin, and X.-Q. Yu, *Bioorg. Med. Chem. Lett.*, 2011, **21**, 5866–5869.
31. Q.-L. Li, J. Huang, Q. Wang, N. Jiang, C.-Q. Xia, H.-H. Lin, J. Wu, and X.-Q. Yu, *Bioorg. Med. Chem.*, 2006, **14**, 4151–4157.
32. R. G. Pearson, *J. Am. Chem. Soc.*, 1963, **85**, 3533–3539.
33. R. G. Pearson, *J. Am. Chem. Soc.*, 1988, **110**, 7684–7690.
34. R. G. Pearson, *Coord. Chem. Rev.*, 1990, **100**, 403–425.
35. J. March and M. B. Smith, in *Marchs Advanced Organic Chemistry*, John Wiley & Sons, New York, 2007, pp. 375–380.
36. C. E. Housecroft and A. G. Sharpe, in *Anorganische Chemie*, Pearson Education, München, 2006, pp. 202–204.
37. T. J. Atkins, J. E. Richman, and W. F. Oettle, *Org. Synth.*, 1978, **58**, 86.
38. Y. Huang, S.-Y. Chen, J. Zhang, X.-Y. Tan, N. Jiang, J.-J. Zhang, Y. Zhang, H.-H. Lin, and X.-Q. Yu, *Chem. Biodivers.*, 2009, **6**, 475–486.
39. D. W. White, B. A. Karcher, R. A. Jacobson, and J. G. Verkade, *J. Am. Chem. Soc.*, 1979, **101**, 4921–4925.

40. I. Meunier, A. K. Mishra, B. Hanquet, R. Guilard, and P. Cocolios, *Can. J. Chem.*, 1995, **73**, 685–695.

41. J. Hormann, *Synthese von Cyclen-basierten DNA-Interkalatoren*, 2011.

42. V. Montembault, H. Mouaziz, V. Blondeau, R. Touchard, J. C. Soutif, and J. C. Brosse, *Synth. Commun.*, 1999, **29**, 4279–4294.

43. S. T. Marcus, P. V. Bernhardt, L. Grøndahl, and L. R. Gahan, *Polyhedron*, 1999, **18**, 3451–3460.

44. L. R. Gahan, V. A. Grillo, T. W. Hambley, G. R. Hanson, C. J. Hawkins, E. M. Proudfoot, B. Moubaraki, K. S. Murray, and D. Wang, *Inorg. Chem.*, 1996, **35**, 1039–1044.

45. P. Hoffmann, A. Steinhoff, and R. Mattes, *Z. Naturforsch.*, 1987, **42b**, 867–873.

46. S. Afshar, S. T. Marcus, L. R. Gahan, and T. W. Hambley, *Aust. J. Chem.*, 1999, **52**, 1–6.

47. E. U. Akkaya, M. E. Huston, and A. W. Czarnik, *J. Am. Chem. Soc.*, 1990, **112**, 3590–3593.

48. V. Boldrini, G. B. Giovenzana, R. Pagliarin, G. Palmisano, and M. Sisti, *Tetrahedron Lett.*, 2000, **41**, 6527–6530.

49. L. M. De León-Rodríguez, Z. Kovacs, A. C. Esqueda-Oliva, and A. D. Miranda-Olvera, *Tetrahedron Lett.*, 2006, **47**, 6937–6940.

50. Y. Shiraishi, Y. Kohno, and T. Hirai, *Ind. Eng. Chem. Res.*, 2005, **44**, 847–851.

51. K. Li, J. Zhang, J.-J. Zhang, Z.-W. Zhang, Z.-J. Zhuang, D. Xiao, H.-H. Lin, and X.-Q. Yu, *Appl. Organometal. Chem.*, 2008, **22**, 243–248.

52. K. Li, J. Zhang, Z.-W. Zhang, Y.-Z. Xiang, H.-H. Lin, and X.-Q. Yu, *J. Appl. Polym. Sci.*, 2009, **111**, 2485–2492.

53. C. Li and W.-T. Wong, *Tetrahedron*, 2004, **60**, 5595–5601.

54. R. Clay, P. Murray-Rust, and J. Murray-Rust, *Acta Cryst.*, 1979, **B35**, 1894–1895.

55. C. E. Housecroft and A. G. Sharpe, *Anorganische Chemie*, Pearson Education, München, 2nd edn. 2006.

56. L. Gianelli, V. Amendola, L. Fabbrizzi, P. Pallavicini, and G. G. Mellerio, *Rapid Commun. Mass Spectrom.*, 2001, **15**, 2347–2353.

57. H. Meier, in *Spektroskopische Methoden in der organischen Chemie*, Thieme, New York, 2005, pp. 1–31.

58. J. C. Dabrowiak, in *Metals in Medicine*, John Wiley & Sons, New York, 2009, pp. 91–98.

59. M. Kashiba-Iwatsuki, M. Yamaguchi, and M. Inoue, *FEBS Lett.*, 1996, **389**, 149–152.

60. K. M. Deck, T. A. Tseng, and J. N. Burstyn, *Inorg. Chem.*, 2002, **41**, 669–677.

61. E. L. Hegg and J. N. Burstyn, *Inorg. Chem.*, 1996, **35**, 7474–7481.

62. A. Sreedhara, J. D. Freed, and J. A. Cowan, *J. Am. Chem. Soc.*, 2000, **122**, 8814–8824.

63. C. A. Detmer, F. V. Pamatong, and J. R. Bocarsly, *Inorg. Chem.*, 1996, **35**, 6292–6298.

64. T. Koch, J. D. Ropp, S. G. Sligar, and G. B. Schuster, *Photochem. Photobiol.*, 1993, **58**, 554–558.

65. A. Suzuki, M. Hasegawa, M. Ishii, S. Matsumura, and K. Toshima, *Bioorg. Med. Chem. Lett.*, 2005, **15**, 4624–4627.

66. H. G. O. Becker, W. Berger, G. Domschke, E. Fanghänel, J. Faust, M. Fischer, F. Gentz, K. Gewald, R. Gluch, R. Mayer, K. Müller, D. Pavel, H. Schmidt, K. Schollberg, K. Schwetlick, E. Seiler, G. Zeppenfeld, R. Beckert, W. D. Habicher, H.-J. Knölker, and P. Metz, in *Organikum*, Wiley-VCH, Weinheim, 2009, p. 758.

67. C. W. Haidle, R. S. Lloyd, and D. L. Robberson, in *Bleomycin: Chemical, Biochemical, and Biological Aspects: Proceedings of a joint U.S.-Japan Symposium held at the East-West Center, Honolulu, July 18-22, 1978*, ed. S. M. Hecht, Springer, New York, pp. 222–243.